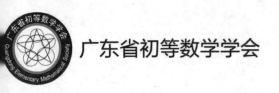

广东省初等数学学会

聚焦
初等数学研究

U0208653

吴　康　钟进均 ◎主编

东北师范大学出版社

长　春

图书在版编目（CIP）数据

聚焦初等数学研究 / 吴康，钟进均主编. — 长春：
东北师范大学出版社，2021.1
ISBN 978-7-5681-7572-2

Ⅰ.①聚… Ⅱ.①吴… ②钟… Ⅲ.①初等数学—研
究 Ⅳ.①O12

中国版本图书馆CIP数据核字（2021）第020672号

□责任编辑：石　斌　　　　　　□封面设计：言之凿
□责任校对：刘彦妮　张小娅　　□责任印制：许　冰

东北师范大学出版社出版发行
长春净月经济开发区金宝街 118 号（邮政编码：130117）
电话：0431-84568115
网址：http：// www.nenup.com
北京言之凿文化发展有限公司设计部制版
北京政采印刷服务有限公司印装
北京市中关村科技园区通州园金桥科技产业基地环科中路 17 号（邮编：101102）
2021年1月第1版　2021年6月第1次印刷
幅面尺寸：170mm×240mm　印张：15　字数：260千

定价：45.00元

编 委 会

广东省初等数学学会（简称"省初数会"）是经广东省民政厅批准成立的，以"促进初等数学学术交流、提升初等数学素养、服务教师专业发展"为宗旨的省级学术组织。现任会长为中国首批数学奥林匹克高级教练、华南师范大学原教学督导、著名初等数学研究专家吴康副教授。省初数会高度重视初等数学学术研究与交流。自2014年4月正式成立以来，省初数会每年都举办一次学术研讨会。每次学术研讨会都有鲜明的主题，聚焦初等数学研究前沿，举办论文写作比赛，还根据初等数学研究的进展和广大会员的需要，精心安排会议议程：大会学术报告、分组学术交流、初等数学研究沙龙等。省初数会现有顾问委员会、学术委员会、高中数学教育专家委员会、初中数学教育专家委员会、中考数学研究中心、数学奥林匹克竞赛研究中心等多个学术组织，先后成立了肇庆、清远、茂名等办事处，拥有来自广东省内的高校专家、中小学教师、初等数学爱好者等近2000名会员。省初数会已成为广东省初等数学学术研究的重要学术组织之一，是广大数学爱好者、数学教师开展初等数学研究和学术交流的优质平台。

为了更好地整理、总结和展示历次学术研讨会的优秀论文成果，发挥它们的示范、引领和辐射作用，提升省初数会的学术研究水平，更好地服务教师专业发展，省初数会决定组编《聚焦初等数学研究》一书，并由出版社正式出版。2018年10月由新世纪出版社出版了《聚焦初等数学研究》第一辑，此书为第二缉。

本书共分为两大部分：第一部分是初等数学研究类，收集了7篇优秀的研究成果，如张云勇、吴康、林塑的《元宵佳节"WK"趣味数学有奖问题》、薛展充的《一些正棱锥的边染色计数问题研究》、林塑的《例谈2，5在数学竞赛题目中的使用》等；第二部分为初等数学教育研究类，收集了24篇优秀的数学教育研究成果，如钟进均的《数学教师需要增强课堂教学民主意识》、赖淑明的《基于"四基""四能"的一节三角函数复习课》、陈亮的《基于弗赖登塔尔教育理论的高中数学概念课的教学探究——以"双曲线的定义"为例》等。

这些成果包含了初等数学研究领域的多个分支，重点关注了一线数学教育的热点课题，内容丰富，形式多样，适合广大数学爱好者、中小学数学教师、数学教研员和在校本科生、研究生阅读。

本书由省初数会常务副会长钟进均正高级教师提出组稿方案，筹建编委会，并负责统稿，最后由吴康会长负责终审。非常感谢本书全体论文作者的大力支持和辛勤付出！十分感谢华南师范大学数学科学学院黄丽婷研究生在此书的出版工作中所付出的巨大努力！

我们将继续努力，推动初等数学研究不断发展，促进广大数学教师、数学爱好者开展更多的初等数学研究和交流，为新时代的初等数学研究和数学教育发展做出更大的贡献！

吴康　钟进均

2020 年 7 月于广州

元宵佳节"WK"趣味数学有奖问题 ·················· 1

愚人节"WK"趣味数学有奖活动 ·················· 9

庆祝五一国际劳动节"WK"有奖数学问题征解一 ·················· 12

庆祝六一国际儿童节"WK"有奖数学问题征解二 ·················· 18

一些正棱锥的边染色计数问题研究 ·················· 25

例谈 2，5 在数学竞赛题目中的使用 ·················· 34

矩阵奇异值分解的应用 ·················· 38

数学教师需要增强课堂教学民主意识 ·················· 52

基于"四基""四能"的一节三角函数复习课 ·················· 60

基于弗赖登塔尔教育理论的高中数学概念课的教学探究 ·················· 67

化圆法证椭圆中的一些结论 ·················· 74

例谈直观感知与推理论证 ·················· 77

2019 年深圳一模圆锥曲线问题的思考与推广 ·················· 85

例谈高考中常见的解三角形题型应对策略 ·················· 92

空间几何体的外接球与内切球问题 ·················· 99

培养理性思维　落实核心素养 ·················· 110

勾股数性质探究 ·················· 117

质疑演绎精彩　探究彰显本质 ·················· 122

数学建模核心素养的内涵及教育价值 ·················· 128

浅谈解三角形中最值（取值范围）问题的解法研究 ·················· 140

中学数学建模的困难与教学策略 ·················· 146

探析数学笔记促进初一学生自主学习的学法策略 ·················· 155

刍议小学数学与初中数学教学的有效衔接 ·················· 163

基于培育模型思想的方程应用题教学研究及启示 ·········· 167

通过培养学生优秀的笔记习惯助力中学数学学习 ·········· 175

浅谈数学思想方法在初中教学设计中的功能体现 ·········· 181

透过中考试题中的手拉手模型感受几何变换之美 ·········· 186

几种小学数学教学方法的有效性探究 ·················· 203

小学生数学审题中存在的问题、成因与教学建议 ·········· 208

从根部细铺垫，为学生进阶而教 ························ 218

基于人工智能的数学课堂个性化精准教学模式研究 ········ 227

元宵佳节"WK"① 趣味数学有奖问题

中国联通研究院　张云勇

华南师范大学　吴　康

广东省茂名市第一中学　林　堃

作者简介

张云勇，1982 年 7 月生，第十三届全国政协委员，中国联通产品中心总经理；吴康，1957 年 7 月生，广东高州人，华南师范大学原教学督导，全国初等数学研究会（筹）理事长，广东省初等数学学会会长，广东省高考研究会理事长．林堃，1981 年 11 月生，广东雷州人，硕士，主要研究数学竞赛中的数论问题，是茂名一中和茂名奥校的奥数教练，广东省高考研究会数学专家委员会常务理事．

2020（农历庚子年）是中国传统的"鼠年"．

我们把只含数字 2 和 0 的自然数（包括 0）称为"鼠数"，全体"鼠数"自小至大排成的数列，称为"鼠数列"．

0，2，20，22，200，202，220，222，2000，…

1. 第 2020 个"鼠数"是多少？

2. 前 2020 个"鼠数"之和等于多少？

3. 前 2020 个"鼠数"中去掉开头的 0，剩下的数之积的末尾一共有多少个 0？

4. 前 2020 个"鼠数"中去掉开头的 0，剩下的数从左至右写成一个数

$$A = 220222002022202222000\cdots$$

---

① 注："WK"是吴康老师的名字缩写．

1

那么，A 是一个多少位的数？

5. A 除以 2020 的余数是多少？

【元宵佳节 "WK" 趣味数学解答】

先把题目改为：

1. 第 2048 个鼠数是多少？

2. 前 2048 个 "鼠数" 之和等于多少？

3. 前 2048 个 "鼠数" 中去掉开头的 0，剩下的数乘积的末尾一共有多少个 0？

4. 前 2048 个 "鼠数" 中去掉开头的 0，剩下的数从左至右写成一个数

$$B = 220222002022202222000\cdots$$

那么，B 是一个多少位的数？

5. B 除以 2020 的余数是多少？

记鼠数列为 $f(n)$，令 $g(n) = \dfrac{1}{2} f(n)$，$h(n)$ 为把 $g(n)$ 从十进制改为二进制所得之数，$n = 1, 2, 3, \cdots$，则

$g(n)$：0，1，10，11，100，101，110，111，1000，$\cdots$

$h(n)$：$(0)_2$，$(1)_2$，$(10)_2$，$(11)_2$，$(100)_2$，$(101)_2$，$(110)_2$，$(111)_2$，$(1000)_2$，$\cdots$

显然，$h(n)$ 就是用二进制表示的自然数列（包含 0），故

$h(n) = n - 1$，$n = 1, 2, 3, \cdots$， $\hspace{2cm}$ (1)

由于 $2048 = 2^{11}$，按照此对应方法易得

$h(2048) = h(2^{11}) = 2^{11} - 1 = (11111111111)_2$，

$g(2048) = 11111111111$，

$f(2048) = 2g(2048) = 22222222222$， $\hspace{2cm}$ (2)

即第 1 题答案为 22222222222.

设 k 位鼠数有 p_k 个，其和为 P_k，$k = 1, 2, 3, \cdots$，则

$p_1 = 2$（0 视为一位数），$p_2 = 2$，$p_3 = 2^2$，$\cdots$，$p_k = 2^{k-1}$（$k \geqslant 2$） $\hspace{1cm}$ (3)

且 $P_1 = 0 + 2 = 2$，$P_2 = 20 + 22 = 42$，$P_3 = 200 + 202 + 220 + 222 = 844$，$\cdots$，

易得

$$P_k = \sum_{i=0}^{k-2}(0+2) \times 2^{k-2} \times 10^i + 2 \times 2^{k-1} \times 10^{k-1} = 2^{k-1}\sum_{i=0}^{k-2}10^i + 2^k \times 10^{k-1}$$

$$= 2^{k-1} \times \frac{10^{k-1}-1}{10-1} + 2^k \times 10^{k-1} = \frac{19 \times 20^{k-1} - 2^{k-1}}{9}, \quad k=2,3,4,\cdots, \tag{4}$$

且易验知 $k=1$ 也成立.

因此，不超过 k 位的鼠数共有

$$p_1 + p_2 + \cdots + p_k = 2 + 2 + 2^2 + \cdots + 2^{k-1} = 2^k, \quad k=2,3,4,\cdots, \tag{5}$$

且易验知 $k=1$ 也成立.

记鼠数列的前 n 项和为 S_n，则由（4）（5）式知

$$S_{2^k} = S_{p_1+p_2+\cdots+p_k} = P_1 + P_2 + \cdots P_k$$

$$= \sum_{i=1}^{k}\frac{19 \times 20^{i-1} - 2^{i-1}}{9} = \frac{1}{9}\left(19 \times \frac{20^k - 1}{20 - 1} - \frac{2^k - 1}{2 - 1}\right)$$

$$= \frac{20^k - 2^k}{9}, \quad k=2,3,4,\cdots, \tag{6}$$

易验知 $k=1$ 也成立.

故第 2 题的答案为 $S_{2048} = S_{2^{11}} = \frac{20^{11} - 2^{11}}{9} = 22755555555328.$ (7)

显然，不超过 k 位的鼠数（除去第一个 0）末尾恰有 r 个 0 的个数为

$$2^{k-r-1} \ (r=0,1,2,3,\cdots,k-1, k\geq 2), \tag{8}$$

易验知（8）式对 $k=1$ 也成立.

设它们的乘积一共有 Q_k 个 0，则

$$Q_k = \sum_{r=0}^{k-1}r \cdot 2^{k-r-1} = \sum_{r=0}^{k-2}(k-r-1)\cdot 2^r$$

$$= (k-1)\sum_{r=0}^{k-2}2^r - R_k, \quad k\geq 2, \tag{9}$$

其中，

$$R_k = \sum_{r=0}^{k-2}r \cdot 2^r, \quad k \geq 2, \tag{10}$$

易见，

$$R_k = 2R_k - R_k = \sum_{r=0}^{k-2}r \cdot 2^{r+1} - \sum_{r=0}^{k-2}r \cdot 2^r$$

$$= \sum_{r=1}^{k-1}(r-1)\cdot 2^r - \sum_{r=1}^{k-2}r \cdot 2^r$$

$$= (k-2)\cdot 2^{k-1} - \sum_{r=1}^{k-2}2^r$$

$$= (k-2) \cdot 2^{k-1} - (2^{k-1} - 2)$$

$$= (k-3) \cdot 2^{k-1} + 2, \quad k \geq 2, \tag{11}$$

从而由（9）（10）（11）可得

$$Q_k = (k-1)(2^{k-1} - 1) - [(k-3) \cdot 2^{k-1} + 2]$$

$$= 2^k - k - 1, \quad k \geq 2, \tag{12}$$

且易验知 $k=1$ 也成立.

故第 3 题的答案为 $Q_{11} = 2^{11} - 11 - 1 = 2036.$ \hfill (13)

设不超过 k 位的鼠数（除去第一个 0）的位数之和为 U_k，则由（3）（10）（11）可得

$$U_k = \sum_{i=2}^{k} p_i \cdot i + 1 = \sum_{i=2}^{k} i \cdot 2^{i-1} + 1 = \sum_{i=1}^{k} i \cdot 2^{i-1}$$

$$= (k-1) \cdot 2^k + 1, \quad k \geq 2, \tag{14}$$

且易验知 $k=1$ 也成立.

故第 4 题的答案为 $U_{11} = 10 \times 2^{11} + 1 = 20\,481.$ \hfill (15)

现在来解答原题中的第 1 题至第 4 题.

1. 由（1）式

$$h(2020) = 2019 = (11111100011)_2, \tag{16}$$

故 $g(2020) = 11111100011$，第 1 题的答案为

$$f(2020) = 22222200022. \tag{17}$$

2. 易见 $f(2020)$ 至 $f(2048)$ 这 28 个数为

$$L + 200 = L + f(5), \ L + 202 = L + f(6), \cdots, L + 22222 = L + f(32), \tag{18}$$

其中，$L = 22222200000,$ \hfill (19)

故第 2 题的答案为 $S_{2020} = S_{2048} - \sum_{j=2021}^{2048} f(j) = S_{2048} - \sum_{j=5}^{32} [L + f(j)]$

$$= S_{2048} - 28L - \left[\sum_{j=1}^{32} f(j) - \sum_{j=1}^{4} f(j) \right]$$

$$= S_{2^{11}} - 28L - S_{2^5} + S_{2^2}$$

$$= \frac{20^{11} - 2^{11}}{9} - 28 \times 22,222,200,000 - \frac{20^5 - 2^5}{9} + \frac{20^2 - 2^2}{9}$$

$$= \frac{20^{11} - 20^5 + 20^2 - 2^{11} + 2^5 - 2^2}{9} - 622221600000$$

$$= 22133333599820. \tag{20}$$

3. 设鼠数列第 2~n 项之乘积的末尾有 T_n 个 0（$n \geq 2$），则由（12）（18）

式知第 3 题的答案为

$$T_{2020} = T_{2048} - \prod_{j=2021}^{2048} f(j) \text{ 的末尾 0 的个数}$$

$$= Q_{11} - \prod_{j=5}^{32} f(j) \text{ 的末尾 0 的个数}$$

$$= Q_{11} - (Q_5 - Q_2)$$

$$= (2^{11} - 11 + 1) - (2^5 - 5 + 1) + (2^2 - 2 + 1)$$

$$= 2011. \tag{21}$$

4. 设鼠数列第 $2 \sim n$ 项的位数之和为 V_n 个 0（$n \geqslant 2$），则由（14）（18）（19）式知第 4 题答案为

$$V_{2020} = V_{2048} - \prod_{j=2021}^{2048} f(j) \text{ 的位数}$$

$$= U_{11} - 28 \times 11$$

$$= 10 \times 2^{11} + 1 - 308$$

$$= 20173. \tag{22}$$

现在回到第 5 题，设正整数 N（按十进制表示）从左往右每 m 位分一段（最右一段如不满 m 位也作为一段），诸段设为 N_0，N_1，N_2，$\cdots$，N_s，$s \geqslant 0$，称为 N 的 m 分段，其中 N_s 称为第 s 段，诸段之和为 N 的 m 分段和，诸段（按顺序）之交替和为 N 的 m 的分段交替和，分别证为

$$F_m(n) = N_0 + N_1 + N_2 + \cdots + N_s, \tag{23}$$

$$G_m(n) = N_0 - N_1 + N_2 - \cdots + (-1)^s N_s, \tag{24}$$

注意到 $10^2 = 100 \equiv -1$，$10^4 = 10000 \equiv 1$，$9 \times 45 \equiv 1 \pmod{101}$. $\tag{25}$

易证如下引理（证略）：

引理 1：若 m 是 4 的倍数，则 $N \equiv F_m(N) \pmod{101}$.

引理 2：若 m 是偶数但非 4 的倍数，则 $N \equiv G_m(N) \pmod{101}$.

考虑全体 k 位鼠数自小至大排成的正整数 B_k（$k \geqslant 1$）.

1. $k = 4m$ 为 4 的倍数，由（4）（25）和引理 1 知

$$B_k \equiv F_k(B_k) = P_k = \frac{1}{9}(19 \times 20^{k-1} - 2^{k-1}) \equiv 45 \times (19 \times 20^{4m-1} - 2^{4m-1})$$

$$\equiv 45 \times (120 \times 20^{4m-1} - 2^{4m-1})$$

$$\equiv 45 \times (6 \times 20^{4m} - 2^{4m-1})$$

$$\equiv 45 \times (6 \times 2^{4m} - 2^{4m-1})$$

$$\equiv 45 \times 11 \times 2^{4m-1}$$

$$\equiv 91 \times 2^{4m-1} \pmod{101}. \quad (26)$$

2. $k = 4m+2$ 为偶数但非 4 的倍数，由 B_k 的构造，对 B_k 进行 k 分段后，第 $2r$ 段与第 $2r+1$ 段必为 $\overline{C_r2}$ 与 $\overline{C_r2}$ 的形状，其中 C_r 为 $k-1$ 位鼠数，$r = 1$，2，…，$2^{k-1}-1$，其中 $C_r = f(2^{k-1})$。例如，

$B_6 = 200000'\ 200002'\ 200020'\ 200022'\ 200200'\ 200202'\ 200220'\ 200222'$ $202000'\ 202002'\ 202020'\ 202022'\ 202200'\ 202202'\ 202220'\ 202222'\ 220000'$ $220002'\ 220020'\ 220022'\ 220200'\ 220202'\ 220220'\ 220222'\ 222000'\ 222002'$ $222020'\ 222022'\ 222200'\ 222202'\ 222220'\ 222222$，

其中，$C_0 = 22222$，$C_1 = 22220$，$C_2 = 22202$，…，$C_{15} = 20000$。

因此，由引理 2 知

$$B_k \equiv G_k(B_k) = \sum_{r=0}^{2^{k-1}-1}(\overline{C_r2} - \overline{C_r0}) = \sum_{r=0}^{2^{k-1}-1}2 = 2 \times 2^{k-2}$$
$$= 2^{k-1} = 2^{4m+1} \pmod{101}. \quad (27)$$

3. $k = 2m+1$ 为奇数，由 B_k 的构造，对 B_k 进行 $2k$ 分段后，第 $2r$ 段与第 $2r+1$ 段必为 $\overline{D_r20D_r22}$ 与 $\overline{D_r00D_r02}$ 的形状，其中 D_r 为 $k-2$ 位鼠数，$r = 1$，2，…，$2^{k-3}-1$，其中 $D_r = f(2^{k-2}-r)$。例如，$B_3 = 200202'\ 220222$，其中 $D_0 = 2$。又如，

$B_5 = 20000'\ 20002'\ 20020'\ 20022'\ 20200'\ 20202'\ 20220'\ 20222'$ $22000'\ 22002'\ 22020'\ 22022'\ 22200'\ 22202'\ 22220'\ 22222$，

其中，$D_0 = 222$，$D_1 = 220$，$D_2 = 202$，$C_3 = 200$。

因此，由引理 2 知

$$B_k \equiv G_{2k}(B_k) = \sum_{r=0}^{2^{k-3}-1}(\overline{D_r20D_r22} - \overline{D_r00D_r02})$$
$$= \sum_{r=0}^{2^{k-3}-1}\overset{k-1\text{个}0}{\overline{200\cdots020}}$$
$$= (2 \times 10^{k+1} + 20) \times 2^{k-3}$$
$$= (2 \times 10^{2m+2} + 20) \times 2^{2m-2}$$
$$= (2 \times (-1)^{m+1} + 20) \times 2^{2m-2} \pmod{101}. \quad (28)$$

回到第 5 题，要考虑的数

$$B = \overline{B_1B_2B_3\cdots B_{11}} = \overline{2B_2B_3\cdots B_{11}}, \quad (29)$$

其中，$B_1 = 02 = 2$，$B_2 = 2022$，…，

$B_{11} = 20000000000200000000002\cdots22222222222$，

由（3）式，B_k（$k \geqslant 2$）的位数为 $k \cdot p_k = k \cdot 2^{k-1}$，均为 4 的倍数，从而 B 的结构式（29）中的开头 2 以及诸 B_k（$k \geqslant 2$）后的位数均为 4 的倍数．于是由（25），（26），（27）和（28）式可得

$B \equiv 2 \times 10^{4b_1} + B_2 \times 10^{4b_2} + B_3 \times 10^{4b_3} + \cdots + B_{11} \times 10^{4b_{11}}$（$b_1$，$b_2$，$\cdots b_{11}$ 均为非负整数）

$$\equiv 2 + B_2 + B_3 + \cdots + B_{11}$$

$$\equiv 2 + \sum_{m=1}^{2} B_{4m} + \sum_{m=0}^{2} B_{4m+2} + \sum_{m=1}^{5} B_{2m+1}$$

$$\equiv 2 + \sum_{m=1}^{2} 91 \times 2^{4m-1} + \sum_{m=0}^{2} 2^{4m+1} + \sum_{m=1}^{5} \left[2 \times (-1)^m + 20 \right] \times 2^{2m-2}$$

$$= 2 + 91 \times (2^3 + 2^7) + (2 + 2^5 + 2^9) + 22 \times (2^0 + 2^4 + 2^8) + 18 \times (2^2 + 2^6)$$

$$= 20154 \equiv 55 \pmod{101}. \tag{30}$$

又显然

$$B \equiv B_{11} = 22222222222 \equiv 22 \equiv 2 \pmod{20}. \tag{31}$$

引理 3：同余方程组 $\begin{cases} x \equiv a \pmod{20} \\ x \equiv b \pmod{101} \end{cases}$ 的解为

$$x \equiv 101a - 100b \pmod{2,020} \tag{32}$$

可由孙子定理证得．（证略）

由引理 3 可知 $B \equiv 102 \times 2 - 100 \times 55 = -5298$

$$\equiv 762 \pmod{2,020}, \tag{33}$$

即第 5 题的答案为 762.

最后解答原题第 5 题．

显然，$f(2021)$ 至 $f(2048)$ 这 28 个数为 E_1，E_2，$\cdots$，E_{28}，则

$$B = \overline{AE_1 E_2 \cdots E_{28}}, \tag{34}$$

其中，$E_j = f(2,020 + j)$ 均为 11 位数，$j = 1$，2，$\cdots$，28.

由（18）式，$E_j = L + f(4 + j)$，其中

$$L = 22222200000，j = 1，2，\cdots，28. \tag{35}$$

由引理 2，$\overline{E_1 E_2 \cdots E_{28}} = G_{22}(\overline{E_1 E_2 \cdots E_{28}})$

$$= (\overline{E_{27} E_2 8} - \overline{E_{25} E_{26}}) + \cdots + (\overline{E_3 E_4} - \overline{E_1 E_2})$$

$$= 7 \times 2\,000000000020$$

$$\equiv 7 \times (2 + 0000 + 0000 + 0020)$$

$$= 7 \times 22$$

$$= 154 \pmod{101}, \tag{36}$$

从而，$B = A \times (10^4)^{7 \times 11} + \overline{E_1 E_2 \cdots E_{28}}$

$$= A + 154 \pmod{101}. \tag{37}$$

由（30）式得

$$A \equiv B - 154 \equiv 55 - 154 = 99 \equiv 2 \pmod{101}. \tag{38}$$

又显然

$$A \equiv f(2020) = 22222200022 \equiv 2 \pmod{20}. \tag{39}$$

显然，

$$A \equiv 2 \pmod{2020}, \tag{40}$$

于是原第 5 题的答案为 2.

愚人节"WK"趣味数学有奖活动

——"愚人节"计算题一组

华南师范大学 吴 康

1. 设新运算 $*$ 定义为 $x*y=\dfrac{xy}{x+y+1}$，其中 x，y 为实数且 $x+y\neq-1$，那么 $6*5*4*3*2*1*(-1)*(-2)*(-3)*(-4)*(-5)*(-6)=$___．

2. 同上，$9*8*7*6*5*4*3*2*1=$_____．

3. 设新运算 Δ 定义为 $x\Delta y=\dfrac{xy}{2xy-x-y+1}$，其中 x，y 为实数且 $2xy+x+y\neq-1$，那么 $6\Delta5\Delta4\Delta3\Delta2\Delta1\Delta(-1)\Delta(-2)\Delta(-3)\Delta(-4)\Delta(-5)\Delta(-6)=$___．

4. 同上，$4\Delta\dfrac{1}{2}\Delta3\Delta\dfrac{1}{2}\Delta2\Delta\dfrac{1}{2}\Delta1\Delta\dfrac{1}{2}\Delta(-1)\Delta\dfrac{1}{2}\Delta(-2)\Delta\dfrac{1}{2}\Delta(-3)\Delta\dfrac{1}{2}\Delta(-4)\Delta\dfrac{1}{2}=$_____．

5. 同上，$9\Delta8\Delta7\Delta6\Delta5\Delta4\Delta3\Delta2=$_____．

6. 同上，$\dfrac{1}{9}\Delta\dfrac{1}{8}\Delta\dfrac{1}{7}\Delta\dfrac{1}{6}\Delta\dfrac{1}{5}\Delta\dfrac{1}{4}\Delta\dfrac{1}{3}\Delta\dfrac{1}{2}=$_____．

【愚人节"WK"趣味数学参考解答】

易验 $x*y=\dfrac{xy}{x+y+1}=y*x$，　　　　　　　　　　　　　　　　(1)

满足交换律．

$(x*y)*z=\dfrac{xyz}{xy+yz+zx+x+y+z+1}=x*(y*z)$，　　　　(2)

9

满足结合律, 且易验证

$$a * （-1） = （-1） * a = \frac{（-1）a}{a + （-1） + 1} = -1,　　　　　（3）$$

对任意的 $a \neq 0$ 成立,

故 -1 为运算 $*$ 的零元素. 因此

1. 原式 $= （-1） * [6*5*\cdots*1*（-2）*（-3）*\cdots*（-6）] = -1$ （显然 $[6*5*\cdots*1*（-2）*（-3）*\cdots*（-6）] \neq 0$）.

2. 易见 $\frac{1}{x*y} + 1 = \frac{x+y+1}{xy} + 1 = \frac{1}{xy} + \frac{1}{x} + \frac{1}{y} + 1 = \left(\frac{1}{x} + 1\right)\left(\frac{1}{y} + 1\right)$, 则

$$\frac{1}{x_1 * x_2 * \cdots * x_n} + 1 = \left(\frac{1}{x_1} + 1\right)\left(\frac{1}{x_2} + 1\right)\cdots\left(\frac{1}{x_n} + 1\right), \ x_1, \ x_2, \ \cdots, \ x_n \neq 0. \quad （4）$$

因此, 令 $9*8*7*6*5*4*3*2*1 = A$, 则

$$\frac{1}{A} + 1 = \left(\frac{1}{9} + 1\right)\left(\frac{1}{8} + 1\right)\left(\frac{1}{7} + 1\right)\cdots\left(\frac{1}{1} + 1\right)$$

$$= \frac{10}{9} \times \frac{9}{8} \times \frac{8}{7} \cdots \times \frac{2}{1} = 10 \Rightarrow A = \frac{1}{9}.$$

3. 同理, 显然 $x\Delta y = \frac{xy}{2xy - x - y + 1} = y\Delta x,$　　　　　（5）

满足交换律.

$$（x\Delta y）\Delta z = \frac{xyz}{yz + zx + xy - x - y - z + 1} = x\Delta（y\Delta z）,　　　　　（6）$$

满足结合律, 且易验证

$$a\Delta 1 = 1\Delta a = \frac{1 \cdot a}{2 \cdot 1 \cdot a - a - 1 + 1} = 1,　　　　　（7）$$

对任意的 $a \neq 0$ 成立,

故 1 为运算 Δ 的零元素, 以及

$$a\Delta \frac{1}{2} = \frac{1}{2}\Delta a = \frac{\frac{1}{2} \cdot a}{2 \cdot \frac{1}{2} \cdot a - a - \frac{1}{2} + 1} = a,　　　　　（8）$$

对任意的 $a \neq 0$ 成立,

故 $\frac{1}{2}$ 为运算 Δ 的单位元素. 因此

原式 $= 1\Delta [6\Delta 5\Delta 4\Delta 3\Delta 2\Delta （-1）\Delta （-2）\Delta （-3）\Delta （-4）\Delta$

$（-5）\Delta （-6）]$

$=1$（显然 $[6\Delta5\cdots\Delta2\Delta(-1)\Delta(-2)\Delta\cdots\Delta(-6)]\neq0$）.

4. 同理，原式 $=1$.

5. 易见 $\dfrac{1}{x\Delta y}-1=\dfrac{2xy-x-y+1}{xy}-1=\dfrac{1}{xy}-\dfrac{1}{x}-\dfrac{1}{y}+1=\left(\dfrac{1}{x}-1\right)\left(\dfrac{1}{y}-1\right)$，则

$$\dfrac{1}{x_1\Delta x_2\Delta\cdots\Delta x_n}-1=\left(\dfrac{1}{x_1}-1\right)\left(\dfrac{1}{x_2}-1\right)\cdots\left(\dfrac{1}{x_n}-1\right),\ x_1,\ x_2,\ \cdots,\ x_n\neq0. \tag{9}$$

因此，令 $9\Delta8\Delta7\Delta6\Delta5\Delta4\Delta3\Delta2=B$，则

$$\dfrac{1}{B}-1=\left(\dfrac{1}{9}-1\right)\left(\dfrac{1}{8}-1\right)\left(\dfrac{1}{7}-1\right)\cdots\left(\dfrac{1}{2}-1\right)$$

$$=\left(-\dfrac{8}{9}\right)\times\left(-\dfrac{7}{8}\right)\times\left(-\dfrac{6}{7}\right)\times\cdots\times\left(-\dfrac{1}{2}\right)=\dfrac{1}{9}\Rightarrow B=\dfrac{9}{10}.$$

6. 同理，令 $\dfrac{1}{9}\Delta\dfrac{1}{8}\Delta\dfrac{1}{7}\Delta\dfrac{1}{6}\Delta\dfrac{1}{5}\Delta\dfrac{1}{4}\Delta\dfrac{1}{3}\Delta\dfrac{1}{2}=C$，则

$$\dfrac{1}{C}-1=(9-1)(8-1)(7-1)\cdots(2-1)$$

$$=8\times7\times6\times\cdots\times1=8!，则 C=\dfrac{1}{40321}.$$

推广：

7. $n*(n-1)*\cdots*2*1*(-1)*(-2)*\cdots*(-n)=-1.$
$$\tag{10}$$

8. $n*(n-1)*\cdots*2*1=\dfrac{1}{n}.$ $\qquad\qquad\qquad(11)$

9. $x_1*x_2*\cdots*x_n=\dfrac{x_1x_2\cdots x_n}{(x_1+1)(x_2+1)\cdots(x_n+1)-x_1x_2\cdots x_n}$，其中 $(x_1+1)(x_2+1)\cdots(x_n+1)-x_1x_2\cdots x_n\neq0$.

10. $\dfrac{1}{2}\Delta\dfrac{1}{2}\Delta\cdots\Delta\dfrac{1}{2}=\dfrac{1}{2}.$ $\qquad\qquad\qquad(12)$

11. $n\Delta(n-1)\Delta\cdots\Delta1\Delta(-1)\Delta(-2)\Delta\cdots\Delta(-n)=1.$ $\qquad(13)$

12. $n\Delta(n-1)\Delta\cdots\Delta2=\dfrac{n}{n-(-1)^n},\ n\geqslant2.$ $\qquad(14)$

13. $\dfrac{1}{n}\Delta\dfrac{1}{n-1}\Delta\cdots\Delta\dfrac{1}{2}=\dfrac{1}{(n-1)!+2},\ n\geqslant2.$ $\qquad(15)$

14. $x_1\Delta x_2\Delta\cdots\Delta x_n=\dfrac{x_1x_2\cdots x_n}{x_1x_2\cdots x_n+(1-x_1)(1-x_2)\cdots(1-x_n)}$，其中 $x_1x_2\cdots x_n+(1-x_1)(1-x_2)\cdots(1-x_n)\neq0.$
$$\tag{16}$$

庆祝五一国际劳动节 "WK"
有奖数学问题征解一

中国联通研究院　张云勇

华南师范大学　吴　康

广东省茂名市第一中学　林　堃

一、找出以下组合方程的一组解

$$C_{51}^{20}C_x^aC_y^bC_z^c = C_{52}^{20}C_u^dC_v^eC_w^f, \tag{$*$}$$

其中 x，y，z，u，v，w，a，b，c，d，e，f 均为未知数，满足

$$x，y，z，u，v，w \in \{51，52，53\}，$$
$$a，b，c，d，e，f \in \{21，28，29\}，$$

并且（$*$）式中的 8 个组合数，每一个都不能在式子中重复出现．

二、求和

1. $\displaystyle\sum_{\substack{A \subseteq N_{51} \\ B \subseteq N_{20}}} |A \cap B|$；

2. $\displaystyle\sum_{\substack{A \subseteq N_{51} \\ B \subseteq N_{20}}} |A \cup B|$．

其中 $\displaystyle\sum_{\substack{A \subseteq N_{51} \\ B \subseteq N_{20}}}$ 表示对 A 为 N_{51} 的任意子集，B 为 N_{20} 的任意子集求和，而

$N_{51} = \{1，2，3，\cdots，50，51\}$，$N_{20} = \{1，2，3，\cdots，19，20\}$，$|S|$ 表示集合 S 的元素个数．

三、求值

设新运算 $\odot$ 定义为

$x \odot y = -\dfrac{xy+3x+3y+6}{2xy+4x+4y+7}$，其中 x，$y \in \mathbf{R}$，$2xy+4x+4y+7 \neq 0$.

1. 设数列 $\{a_n\}$ 满足递推公式

$$a_{n+1} = 2a_n + 2, \quad n = 1, 2, 3, \cdots,$$

且 $a_1 = a$，对 ① $a = 1$，② $a = -1$，③ $a = 2$，④ $a = -2$，⑤ $a = 0$，分别求值：$S_n = a_1 \odot a_2 \odot a_3 \odot \cdots \odot a_n$，$n$ 为正整数.

2. 设数列 $\{b_n\}$ 满足递推公式

$$b_{n+1} = \frac{1}{2}b_n - 1, \quad n = 1, 2, 3, \cdots,$$

且 $b_1 = b$，求值：$T_n = b_1 \odot b_2 \odot b_3 \odot \cdots \odot b_n$，$n$ 为正整数.

【庆祝五一国际劳动节 "WK" 有奖数学问题征解一参考解答】

一、解：引理：对整数 n，k，满足 $n \geqslant k+1 \geqslant 1$

$$(n-k)\,\mathrm{C}_{n+1}^{k+1} = (n+1)\,\mathrm{C}_n^{k+1}, \tag{1}$$

$$n\,\mathrm{C}_{n-1}^k \mathrm{C}_{n+1}^{k+1} = (n+1)\,\mathrm{C}_n^k \mathrm{C}_n^{k+1}. \tag{2}$$

恒成立

证：（1）式易验证，略.（1）式两边乘 C_n^k，易证即得（2）式.

在（2）式中，令 $n = 52$，$k = 20$ 和 28，可分别得

$$52\,\mathrm{C}_{51}^{20} \mathrm{C}_{53}^{21} = 53\,\mathrm{C}_{52}^{20} \mathrm{C}_{52}^{21}, \tag{3}$$

$$52\,\mathrm{C}_{51}^{28} \mathrm{C}_{53}^{29} = 53\,\mathrm{C}_{52}^{28} \mathrm{C}_{52}^{29}, \tag{4}$$

两式相除变形可得 $\mathrm{C}_{51}^{20} \mathrm{C}_{53}^{21} \mathrm{C}_{52}^{28} \mathrm{C}_{52}^{29} = \mathrm{C}_{52}^{20} \mathrm{C}_{52}^{21} \mathrm{C}_{51}^{28} \mathrm{C}_{53}^{29}$，$\qquad$ (5)

这表明 $(a, b, c, d, e, f, x, y, z, u, v, w) = (21, 28, 29, 21, 28,$ 29, 53, 52, 52, 52, 51, 53) 是题设组合方程（＊）的一组符合题设条件的解.

讨论：用同样的方法可证得组合恒等式

$$\mathrm{C}_m^n \mathrm{C}_{m+2}^{n+1} \mathrm{C}_{m+1}^{n+k+1} \mathrm{C}_{m+1}^{n+k+2} = \mathrm{C}_{m+1}^n \mathrm{C}_{m+1}^{n+1} \mathrm{C}_m^{n+k+1} \mathrm{C}_{m+2}^{n+k+2}, \tag{6}$$

其中 m，n，k 为非负整数，且 $m \geqslant n+k+1$. 显然 $(m, n, k) = (51,$ 20, 7) 时得（5）式.

二、解：记 $M = N_{51} - N_{20} = \{21, 22, 23, \cdots, 51\}$，则 $|M| = 31$.

令 $A \cap M = A_1$，$A \cap N_{20} = A_2$，则 $A_1 \cup A_2 = A$，$A_1 \cap A_2 = \varnothing$. 令 $C = A \cap B = A_2 \cap$

B. 如图 1，$A_2 = (A_2 - C) \cup C$，$(A_2 - C) \cap C = \varnothing$，

$B = (B - C) \cup C$，$(B - C) \cap C = \varnothing$.

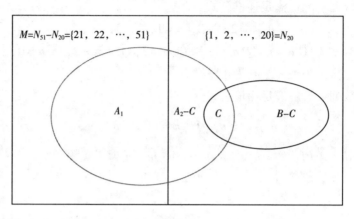

图 1

1. 设有 x_k 个有序集对 A，B 满足 $|A \cap B| = k$，$A \subseteq N_{51}$，$B \subseteq N_{20}$，则 $0 \leqslant k \leqslant 20$. 显然 A_1 可取 M 的任意子集，有 2^{31} 种取法；C 有 C_{20}^k 种取法；$N_{20} - C$ 有 $20 - k$ 个元素，每个元素必属且仅属 $A_2 - C$，$B - C$，$N_{20} - (A \cup B)$ 其中之一，有 3 种取法，故

$$x_k = 2^{31} \times 3^{20-k} C_{20}^k, \tag{1}$$

$$S = \sum_{\substack{A \subseteq N_{51} \\ B \subseteq N_{20}}} |A \cap B| = \sum_{k=0}^{20} k x_k = \sum_{k=0}^{20} k \cdot 2^{31} \cdot 3^{20-k} C_{20}^k$$

$$= 20 \cdot 2^{31} \sum_{k=1}^{20} 3^{20-k} C_{19}^{k-1} = 20 \cdot 2^{31} (1 + 3)^{19}$$

$$= 5 \cdot 2^{71}. \tag{2}$$

2. 由于 $|A \cap B| + |A \cup B| = |A| + |B|$，故

$$T = \sum_{\substack{A \subseteq N_{51} \\ B \subseteq N_{20}}} |A \cup B| = \sum_{\substack{A \subseteq N_{51} \\ B \subseteq N_{20}}} (|A| + |B| - |A \cap B|)$$

$$= P + Q - S, \tag{3}$$

其中 $P = \sum_{\substack{A \subseteq N_{51} \\ B \subseteq N_{20}}} |A| = 2^{20} \sum_{A \subseteq N_{51}} |A| = 2^{20} \sum_{i=0}^{51} i C_{51}^i$

$$= 2^{20} \sum_{i=1}^{51} 51 C_{50}^{i-1} = 2^{20} \cdot 51 \cdot 2^{50} = 51 \cdot 2^{70}, \tag{4}$$

$$Q = \sum_{\substack{A \subseteq N_{51} \\ B \subseteq N_{20}}} |B| = 2^{51} \sum_{B \subseteq N_{20}} |B| = 2^{51} \cdot 20 \cdot 2^{19}$$

$$= 5 \cdot 2^{72}, \qquad (5)$$

从而 $T = 51 \cdot 2^{70} + 5 \cdot 2^{72} - 5 \cdot 2^{71} = 61 \cdot 2^{70}.$ $\qquad (6)$

讨论：推广本题结果，设 m，n 为正整数，$m \geqslant n$，则

$$\sum_{\substack{A \subseteq N_m \\ B \subseteq N_n}} |A \cap B| = \sum_{k=0}^{n} k \cdot 2^{m-n} \cdot 3^{n-k} C_n^k = n \cdot 2^{m-n}(1+3)^{n-1}$$

$$= n \cdot 2^{m+n-2}, \qquad (7)$$

$$\sum_{\substack{A \subseteq N_m \\ B \subseteq N_n}} |A \cup B| = \sum_{\substack{A \subseteq N_m \\ B \subseteq N_n}} (|A| + |B| - |A \cap B|)$$

$$= m \cdot 2^{m+n-1} + n \cdot 2^{m+n-1} - n \cdot 2^{m+n-2}$$

$$= (2m+n) \cdot 2^{m+n-2}, \qquad (8)$$

其中 $N_k = \{1, 2, 3, \cdots, k\}$，$k$ 为正整数. 特例：

$$\sum_{A, B \subseteq N_n} |A \cap B| = n \cdot 2^{2n-2},$$

$$\sum_{A, B \subseteq N_n} |A \cup B| = 3n \cdot 2^{2n-2}, n \in \mathbf{N}_+. \qquad (9)$$

三、解：设函数

$$f(x) = \frac{x+1}{2x+3}, \ x \in \mathbf{R}, \ x \neq -\frac{3}{2}. \qquad (1)$$

引理 1： $f(x \odot y) = f(x) \cdot f(y)$，$x, y, x \odot y \neq -\frac{3}{2}.$ $\qquad (2)$

证：(2) 式左 $= \dfrac{x \odot y + 1}{2(x \odot y) + 3}$

$$= \frac{-(xy + 3x + 3y + 6) + P}{-2(xy + 3x + 3y + 6) + 3P}$$

$$= \frac{xy + x + y + 1}{4xy + 6x + 6y + 9},$$

式中 $P = 2xy + 4x + 4y + 7$. (2) 式右 $= \dfrac{x+1}{2x+3} \cdot \dfrac{y+1}{2y+3} =$ (2) 式左.

引理 2： 新运算 $\odot$ 满足交换律和结合律.（证略）

引理 3： 新运算 $\odot$ 有单位元 -2，且有两个零元 -1 和 $-\dfrac{3}{2}$.

证： $x \odot (-1) = (-1) \odot x$

$$= -\frac{-x + 3x - 3 + 6}{-2x + 4x - 4 + 7} = -1, \ x \neq -\frac{3}{2}. \qquad (3)$$

$$x \odot \left(-\frac{3}{2}\right) = \left(-\frac{3}{2}\right) \odot x$$

$$= -\frac{-\frac{3}{2}x + 3x - \frac{9}{2} + 6}{-3x + 4x - 6 + 7} = -\frac{3}{2}, \quad x \neq -1. \tag{4}$$

$$x \odot (-2) = (-2) \odot x$$

$$= -\frac{-2x + 3x - 6 + 6}{-4x + 4x - 8 + 7} = x, \quad x \in \mathbf{R}. \tag{5}$$

（唯一性证明略）

引理 4：$f(a_1 \odot a_2 \odot \cdots \odot a_n) = \dfrac{a+1}{2^n(a+2)-1}$，其中数列 $\{a_n\}$ 满足递推

公式 $a_{n+1} = 2a_n + 2$，$n \in \mathbf{N}_+$，且 $a_1 = a$，$2^k(a+2) \neq 1$，$k = 0, 1, \cdots, n-1$.

$$\tag{6}$$

证：由引理 1 知 $f(a_1 \odot a_2 \odot \cdots \odot a_n) = f(a_1) f(a_2) \cdots f(a_n)$

$$= \frac{a_1+1}{2a_1+3} \times \frac{a_2+1}{2a_2+3} \times \cdots \times \frac{a_n+1}{2a_n+3},$$

因 $a_{k+1} + 1 = 2a_k + 3$，故 $f(a_1 \odot a_2 \odot \cdots \odot a_n) = \dfrac{a_1+1}{2a_n+3} = \dfrac{a+1}{2^n(a+2)-1}$，

其中 $a_n = 2^{n-1}(a+2) - 2$ 是由于 $\{a_n + 2\}$ 为等比数列，公比为 2. （详略）

引理 5：$f(b_1 \odot b_2 \odot \cdots \odot b_n) = \dfrac{b + 2 - 2^{n-1}}{2^{n-1}(2b+3)}$，其中数列 $\{b_n\}$ 满足递推公

式 $b_{n+1} = \dfrac{1}{2}b_n - 1$，$n \in \mathbf{N}_+$，且 $b_1 = b \neq -\dfrac{3}{2}$.

$$\tag{7}$$

证：由引理 1 知 $f(b_1 \odot b_2 \odot \cdots \odot b_n) = f(b_1) f(b_2) \cdots f(b_n)$

$$= \frac{b_1+1}{2b_1+3} \times \frac{b_2+1}{2b_2+3} \times \cdots \times \frac{b_n+1}{2b_n+3}$$

$$= \frac{b_n+1}{2b_1+3} = \frac{b+2-2^{n-1}}{2^{n-1}(2b+3)},$$

其中 $b_n = \dfrac{b+2-2^n}{2^{n-1}}$ 是由于 $\{b_n + 2\}$ 为等比数列，公比为 $\dfrac{1}{2}$. （详略）

本题的解：

1. 由引理 4，$f(S_n) = \dfrac{a+1}{2^n(a+2)-1} = \dfrac{S_n+1}{2S_n+3} \Rightarrow S_n = \dfrac{(3-2^n)a - 2^{n+1} + 4}{(2^n-2)a + 2^{n+1} - 3}$,

$n \in \mathbf{N}_+$. （详略）

$$\tag{8}$$

① $a=1$, $S_n=\dfrac{7-3\cdot2^n}{3\cdot2^n-5}$; ② $a=-1$, $S_n=-1$; ③ $a=2$, $S_n=\dfrac{10-2^{n+2}}{2^{n+2}-7}$;

④ $a=-2$, $S_n=-2$; ⑤ $a=0$, $S_n=\dfrac{4-2^{n+1}}{2^{n+1}-3}$, $n\in\mathbf{N}_+$. （9）

2. 由引理 5, $f(T_n)=\dfrac{b+2-2^{n-1}}{2^{n-1}(2b+3)}=\dfrac{T_n+1}{2T_n+3}$, 则

$$T_n=\frac{(3-2^n)\,b-3\cdot2^n+6}{(2^n-2)\,b+5\cdot2^{n-1}-4}, \quad n\in\mathbf{N}^+.\ （详略） \tag{10}$$

讨论：

②和④也可由引理 3 直接算得. 另外, 命题的时候似乎还可以在（1）加上

⑥ $a=-\dfrac{3}{2}$, 则由引理 3 得 $a=-2$, $S_n=-\dfrac{3}{2}$. 但其实这是不对的, 因为此时

$a_1=a=-\dfrac{3}{2}$, $a_2=2a_1+2=-1$, 而 $-\dfrac{3}{2}\odot(-1)$ 是没有意义的.

庆祝六一国际儿童节"WK"有奖数学问题征解二

中国联通研究院 张云勇

华南师范大学 吴 康

广东省茂名市第一中学 林 堃

例1：已知 n 为自然数，$n^3 + 4n^2 - 4n + 7$ 为完全立方数，n 的最大值为 a，最小值为 b，求证 $(10a+b)^{(10a+b)}$ 除以 $a+b$ 的余数是 $a-b$.

例2：设 a，b，c 为自然数，$S_k = a^k + b^k + c^k$，满足：

1. S_1 和 S_3 除以 7 的余数分别为 6 和 1；

2. S_2 是 7 的倍数.

若自然数 x 使得 $(x-a)(x-b)(x-c)$ 是 7 的倍数，则称 x 为"快乐儿童数". 试求 1，2，3，…，61 之中的全体"快乐儿童数"之和.

例3：如图1，有 6 个正方形和 4 个三角形，其中外围的三个正方形面积分别为 153，100 和 x，且 $x < 100$，正中的三角形面积为 13，求 x.

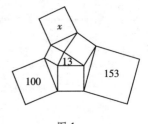

图1

例4：（30分）把 $\dfrac{1}{61}$，$\dfrac{2}{61}$，$\dfrac{3}{61}$，…，$\dfrac{60}{61}$ 这 60 个分数化为循环小数，它们的循环节依次记为 A_1，A_2，A_3，…，A_{60}. 记

$$S = A_1 + A_2 + \cdots + A_{60},$$
$$T = A_1^2 + A_2^2 + \cdots + A_{60}^2,$$
$$U = A_1^3 + A_2^3 + \cdots + A_{60}^3.$$

1. 求 T 的值；

2. 求 $\dfrac{U}{S^2}$ 的值.

18

【庆祝六一国际儿童节 "WK" 有奖数学问题征解二参考解答】

例 1：解：依题意可设 $n^3 + 4n^2 - 4n + 7 = k^2$，$k$ 为整数．因为 n 是自然数，故 $n(n-1) \geqslant 0$，从而 $n^3 < n^3 + 4n(n-1) + 7 = n^3 + 4n^2 - 4n + 7 < n^3 + 6n^2 + 12n + 8 < (n+2)^3 \Rightarrow n^3 < k^3 < (n+2)^3 \Rightarrow k = n + 1 \Rightarrow n^3 + 4n^2 - 4n + 7 = (n+1)^3 \Rightarrow n^2 - 7n + 6 = 0 \Rightarrow n = 1$ 或 $6 \Rightarrow a = 6$，$b = 1$．

因此题断可化为 "61^{61} 除以 7 的余数为 5"．显然，$61^{61} \equiv 5^{61} \equiv (-2)^{61} = -2^{61} = -(2^3)^{20} \times 2 \equiv -1^{20} \times 2 = -2 \equiv 5 \pmod 7$，

题断得证．

讨论：

本题可以不用到同余式．由二项式定理，$61^{61} = (63 - 2)^{61} = 63^{61} - C_{61}^1 \times 63^{60} \times 2 + \cdots + C_{61}^{60} \times 63 \times 2 - 2^{61} = 7A - 2^{61}$，$2^{60} = 8^{20} = (7 + 1)^{20} = 7^{20} + C_{20}^1 \times 7^{19} + \cdots + C_{20}^{19} \times 7 + 1 = 7B + 1$，

其中 A，B 为整数，故 $61^{61} = 7A - 2^{61} = 7A - 2(7B + 1) = 7(A - 2B - 1) + 5$，

故 61^{61} 除以 7 的余数为 5．

还可以应用费马小定理：$61^{61} \equiv 1 \Rightarrow 61^{61} = (61^6)^{10} \times 61 \equiv 61 \equiv 5 \pmod 7$．

例 2：解法一：题设 $S_1 \equiv 6$，$S_2 \equiv 0$，$S_3 \equiv 1 \pmod 7$，

故 $2(ab + bc + ca) = S_1^2 - S_2 = 6^2 - 0 = 36 \equiv 8 \pmod 7$，

因 2，7 互质，故 $ab + bc + ca \equiv 4 \pmod 7$，

且 $3abc = (a^3 + b^3 + c^3) - (a + b + c)(a^2 + b^2 + c^2 - ab - bc - ca) \equiv S_3 - S_1(S_2 - ab - bc - ca) \equiv 1 - 6 \times (0 - 4) = 25 \equiv 18 \pmod 7$，

因 3，7 互质，故 $abc \equiv 6 \pmod 7$．

因 7 为质数，故 x 是快乐儿童数 $\Leftrightarrow 7 \mid (x - a)(x - b)(x - c) \Leftrightarrow 0 \equiv (x - a)(x - b)(x - c) = x^3 - (a + b + c)x^2 + (ab + bc + ca)x - abc \equiv x^3 - 6x^2 + 4x - 6 \equiv x^3 - 6x^2 + 11x - 6 = (x - 1)(x - 2)(x - 3) \pmod 7 \Leftrightarrow x \equiv 1, 2, 3 \pmod 7$，

故 1，2，3，$\cdots$，61 之中 "全体快乐儿童数" 之和为

$S = (1 + 2 + 3) + (8 + 9 + 10) + \cdots + (57 + 58 + 59)$

$= (3 \times 2 + 3 \times 58) \times 9 \div 2$

$= 3 \times 60 \times 9 \div 2 = 810$．

$$\text{解法二：题设}\begin{cases}a+b+c\equiv6\ (\text{mod}7), & (1)\\ a^2+b^2+c^2\equiv0\ (\text{mod}7), & (2)\\ a^3+b^3+c^3\equiv1\ (\text{mod}7), & (3)\end{cases}$$

以$(A,B,C)^*$表示A，B，C的任一排列，显然n为整数时，

$$n^3\equiv\begin{cases}-1,\quad 3,\quad 5,\quad 6,\\ 0,\\ 1,\quad 1,\quad 2,\quad 4,\end{cases}$$

当$n\equiv0$（mod7）时，用穷举法不难得知，要满足（3），唯有

$(a^3,b^3,c^3)^*\equiv(0,0,1)$或$(-1,1,1)$（mod7），

再满足（1）唯有$(a^3,b^3,c^3)^*\equiv(-1,1,1)$（mod7）.

再进一步细察，易知满足（1）唯有

$(a,b,c)^*\equiv(3,1,2)$或$(5,4,4)$（mod7），

再满足（2）易知唯有$(a,b,c)^*\equiv(3,1,2)$（mod7）.

从而由7是质数和题设得

x是快乐儿童数$\Leftrightarrow7\mid(x-a)(x-b)(x-c)\Leftrightarrow7\mid(x-1)(x-2)(x-3)\Leftrightarrow$
$x\equiv1,2,3$（mod7）.

余同解法一.

例3：解：设原图1中央的三角形为$\triangle ABC$，其他点所标字母如图2所示（原图1的部分图）.

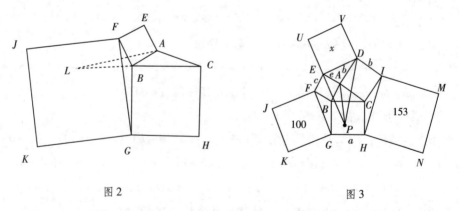

图2 图3

易见，可把$\triangle FBG$绕着点B顺时针方向旋转$90°$即得$\triangle ABL$，$\triangle ABL$与$\triangle ABC$等底等高，面积相等，故$S_{\triangle FBG}=S_{\triangle ABC}=13$. 同理，可证$S_{\triangle ICH}=S_{\triangle DAE}=13$.

如图 3，可把 $\triangle FBG$ 平移到 $\triangle EAP$，把 $\triangle ICH$ 平移到 $\triangle DAP$，与 $\triangle DAE$ 合起来构成一个大三角形 $\triangle PDE$，其三边长的平方分别为 $DP^2 = 153$，$EP^2 = 100$，$DE^2 = x$，面积为 $3 \times 13 = 39$.

由秦九韶公式得

$$\sqrt{\frac{1}{4}\left[100 \times 153 - \left(\frac{100 + 153 - x}{2}\right)^2\right]} = 39 \Rightarrow 15300 \times 4 - (253 - x)^2 = 39^2 \times 4^2$$

$$\Rightarrow (253 - x)^2 = 4^2 \times (153 \times 25 - 39^2) = 4^2 \times 2304$$

$$\Rightarrow |253 - x| = 4 \times 48 \Rightarrow x = 61 \text{ 或 } 445 \text{（后者不合题意，舍去）}.$$

讨论：

1. $S_{\triangle FBG} = S_{\triangle ABC}$ 的另证：

$$S_{\triangle FBG} = \frac{1}{2} FB \cdot BG \cdot \cos FBG$$

$$= \frac{1}{2} ca \sin (360° - 90° - 90° - \angle ABC)$$

$$= \frac{1}{2} ca \sin \angle ABC$$

$$= S_{\triangle ABC} = 13.$$

2. $x = 61$ 的另解：由海伦公式得

$$\sqrt{\frac{\sqrt{153} + 10 + \sqrt{x}}{2} \cdot \frac{10 + \sqrt{x} - \sqrt{153}}{2} \cdot \frac{\sqrt{x} + \sqrt{153} - 10}{2} \cdot \frac{\sqrt{153} + 10 - \sqrt{x}}{2}} = 39$$

$$\Rightarrow \left[(\sqrt{153} + 10)^2 - x\right]\left[x - (\sqrt{153} - 10)^2\right] = 39^2 \times 16$$

$$\Rightarrow (253 + 20\sqrt{153} - x)(x - 253 + 20\sqrt{153}) = 39^2 \times 4^2$$

$$\Rightarrow 153 \times 400 - (253 - x)^2 = 39^2 \times 4^2 \text{（余同原解）}.$$

3. $x = 61$ 的解法 3：由海伦公式的变形公式得

$$\frac{1}{4}\sqrt{(153 + 100 + x)^2 - 2(153^2 + 100^2 + x^2)} = 39$$

$$\Rightarrow (x + 153)^2 - (x^2 + 33409) = 24336$$

$$\Rightarrow x^2 - 506x + 27145 = 0 \Rightarrow x = 61 \text{ 或 } 445 \text{（后者不合题意，舍去）}.$$

4. 若要求计算 a，b，c，则在 $\triangle ABC$ 和 $\triangle AED$ 中应用余弦定理：

$2bc\cos \angle BAC = b^2 + c^2 - a^2$，$2bc\cos \angle DAE = b^2 + c^2 - x^2$，

两式相加得 $2b^2 + 2c^2 - a^2 = x$，

同理可得 $2c^2 + 2a^2 - b^2 = 100$，$2a^2 + 2b^2 - c^2 = 153$.

三式相加可得 $a^2 + b^2 + c^2 = \dfrac{253 + x}{3}$

$$\Rightarrow a^2 = \frac{509 - x}{9}, \quad b^2 = \frac{206 + 2x}{9}, \quad c^2 = \frac{47 + 2x}{9}.$$

由海伦公式的变形公式得 $S_{\triangle ABC} = \dfrac{1}{4} \sqrt{(a^2 + b^2 + c^2)^2 - 2(a^4 + b^4 + c^4)} = 13$

$$\Rightarrow 9(253 + x)^2 - 2(506 - x)^2 + (206 + 2x)^2 + (47 + 2x)^2 = 13^2 \times 4^2 \times 9^2$$

$$\Rightarrow -9x^2 + 4554x - 25281 = 13^2 \times 4^2 \times 9^2 \Rightarrow x^2 - 506x + 2809 = -24336$$

$$\Rightarrow x^2 - 506x + 27145 = 0.$$

同上解，可得 $x = 61$，且 $a = \dfrac{1}{3}\sqrt{445}$，$b = \dfrac{2}{3}\sqrt{82}$，$c = \dfrac{13}{3}$.

5. 若不加限制 $x < 100$，则 $x = 445$ 也成立，此时可解得 $a = \dfrac{1}{3}\sqrt{61}$，$b = \dfrac{2}{3}\sqrt{274}$，$c = \dfrac{1}{3}\sqrt{937}$.

例 4： 解：[引理] $\dfrac{1}{61}$ 的循环节长度 d 为 60 位.

证法 1： 因 61 为质数，由费马小定理知 $d \mid 60$，$10^d \equiv 1 \pmod{61}$，直接左除法发现 A_1 至少有 31 位，故 d 有 60 位.

证法 2： 因 61 为质数，由费马小定理知 $d \mid 60$，$10^d \equiv 1 \pmod{61}$，而 $10^2 = 100 \equiv 39$，$10^3 \equiv 390$，$10^5 \equiv 39 \times 24 = 936 \equiv 21$，$10^{10} \equiv 21^2 = 441 \equiv 14$，$10^{20} \equiv 14^2 = 196 \equiv 13$，$10^{30} \equiv 14 \times 13 = 182 \equiv -1 \pmod{61}$，故唯有 $d = 60$.

（原题的解）由引理知 $\dfrac{1}{61} = \dfrac{A}{P}$，其中 $A = A_1$ 有 60 位（包括首位的 0），

$$P = 10^{60} - 1 = \overbrace{99\cdots9}^{60 \uparrow 9}, \quad \text{且} \frac{k}{61} = \frac{A_k}{P} \Rightarrow A_k = \frac{kP}{61} = kA, \quad k = 1,\ 2,\ 3,\ \cdots,\ 60, \tag{1}$$

从而 $S = \displaystyle\sum_{k=1}^{60} A_k = \sum_{k=1}^{60} kA = A \sum_{k=1}^{60} k = \frac{P}{61} \times \frac{60 \times 61}{2} = 30P = 30(10^{61} - 1)$，

$$\tag{2}$$

$$T = \sum_{k=1}^{60} A_k^2 = \sum_{k=1}^{60} (kA)^2 = A^2 \sum_{k=1}^{60} k^2 = \left(\frac{P}{61}\right)^2 \times \frac{60 \times 61 \times 121}{2} = \frac{1210\, P^2}{61}$$

$$= \frac{1210\,(10^{61} - 1)^2}{61}, \tag{3}$$

$$U = \sum_{k=1}^{60} A_k^3 = \sum_{k=1}^{60} kA^3 = A^3 \sum_{k=1}^{60} k^3 = \left(\frac{P}{61}\right)^3 \times \frac{60^2 \times 61^2}{4} = \frac{900\, P^3}{61} =$$

$$\frac{900\left(10^{61}-1\right)^{3}}{61}.\tag{4}$$

原题的 T 值如（3），且 $\dfrac{U}{S^{2}}=\dfrac{900\,P^{3}}{61}\div(30P)^{2}=\dfrac{P}{61}=\dfrac{\left(10^{61}-1\right)}{61}.$ \hfill (5)

讨论：

1. （5）式的结果很巧，刚好等于 $\dfrac{1}{61}$ 的循环节 A.

2. 原题的结果可以算得具体数值：

易知 A 有"中分性质"，即 $A=\overline{BC}$，其中

$B=016393442622950819672131147540$（包括首位的0）. \hfill (6)

$C=983606557377049180327868852459.$ \hfill (7)

B,C 各占 30 位，$B+C=10^{30}-1=\overset{30\text{个}9}{\overline{99\cdots9}}$（记为 Q），并且 $T=\dfrac{1210\,P^{2}}{61}=20$

$P^{2}-\dfrac{P^{2}}{10}=10P^{2}+M$，其中 $M=10P^{2}-10AP=(P-A)\times P\times10=(\overline{QQ}-$

$\overline{BC})\times P\times10=\overline{CB}\times P\times10=\overline{CGBH}\times10$（其中 $G=B-1,H=C+1$，各占 30

位），且 $P^{2}=P\times P=\overline{QRKL}$（其中，$R=Q-1,K=\overset{30\text{个}0}{\overline{00\cdots0}},L=K+1$，各占 30 位）.

故 $T=\overline{QRKLO}+\overline{CGBHO}=\overline{1CFBEO}$（其中 B,C 如（6）（7）式，$E=C+2$，

$F=B-3$，各占 30 位）. \hfill (8)

3. 更多的恒等式，除了原题的 $\dfrac{U}{S^{2}}=A$ 之外，还可得

（1）$\dfrac{S^{3}}{U}=30\times61=1830,$ \hfill (9)

（2）$\dfrac{T}{S}=\dfrac{121\,P}{3\times61}=\dfrac{121}{3}A,$ \hfill (10)

（3）$\dfrac{U}{T}=\dfrac{90\,P}{121},$ \hfill (11)

（4）$\dfrac{T^{2}}{U}=\dfrac{121^{2}P}{9\times61}=\dfrac{121^{2}}{9}A,$ \hfill (12)

（5）$\dfrac{ST}{U}=\dfrac{121}{3}.$ \hfill (13)

4. 还可以推广到研究 $A_{1},A_{2},\cdots,A_{60}$ 更高次的幂加式.

5. 若 $\dfrac{1}{P}$ 的循环节位数 $d=P-1$，称质数 P 为"胖质数". 例如 100 以内的

全体胖质数共有 9 个：7，17，19，23，29，47，59，61，97. 对"胖质数"P，$\frac{1}{P}$ 的循环节 A 均有"中分性质"，即 $A = \overline{BC}$，$B + C = 10^{\frac{P-1}{2}} - 1$，$B$，$C$ 各占 $\frac{P-1}{2}$ 位. 如 $P = 7$，$B = 142$；$P = 17$，$B = 05882352$ 等. 对"胖质数"P，把 $\frac{1}{P}$，$\frac{2}{P}$，$\cdots$，$\frac{P-1}{P}$ 这 $P-1$ 个分数化成循环小数，其中循环节依次记为 A_1，A_2，$\cdots$，A_{P-1}，则 A_1，A_2，$\cdots$，A_{P-1} 为把 $A = A_1$ 的末 i 位依顺序调至前面（$i = 1$，2，$\cdots$，$P-1$）所得的 $P-1$ 个数的某个排列. 以 S，T，U 依次记其和、平方和、立方和，则 $S = \frac{P-1}{2} \cdot P$，$T = \frac{(P-1)(2P-1)}{6P} \cdot P^2$，$U = \frac{(P-1)^2}{4P} \cdot P^3$，其中 $P = 10^{P-1}$，且有

（1）$\dfrac{U}{S^2} = \dfrac{P}{P-1} = A$，

（2）$\dfrac{S^3}{U} = \dfrac{(P-1)P}{2}$，

（3）$\dfrac{T}{S} = \dfrac{2P-1}{3} \cdot A$，

（4）$\dfrac{U}{T} = \dfrac{3(P-1)}{2(2P-1)} \cdot P$，

（5）$\dfrac{T^2}{S} = \dfrac{(2P-1)^2}{9} \cdot A$，

（6）$\dfrac{ST}{U} = \dfrac{2P-1}{3}$.

一些正棱锥的边染色计数问题研究

澳门培正中学　薛展充

作者简介

薛展充（1982 – ），男，汉族，澳门人，澳门培正中学高中数学老师，二级教学人员，全国初等数学研究会常务理事、副秘书长，广东省初等数学学会副会长，中国数学奥林匹克二级教练员，华南师范大学硕士（竞赛方向）.

一、前言

对图 G 的每个顶点都指定一种颜色，使得没有两个相邻的顶点指定为相同的颜色. 如果这些颜色选自于一个有 k（$k \geqslant 3$）种颜色的集合而不管 k 种颜色是否都用到，这样的着色称为 k 着色.[1] 图的染色计数问题已有很多研究结果，如棋盘的染色计数公式[2-7]，n 棱伞图的 k 着色计数公式[8]，圈图的染色计数公式[9]，有公共顶点的圈的染色计数公式[10]，圈图的连 2 距 k 着色计数公式[11]，关于圈图的连 3 距 k 着色计数[12].

无环图 G 的一个 k 边着色是指 k 种颜色 1，2，$\cdots$，k 对于 G 的各边的一个分配. 若没有相邻的两条边有着相同的颜色，则称着色是正常的.[13]

正 n 棱锥的 k（$k > n$）边着色是指用 k 种不同颜色去染正 n 棱锥的 $2n$ 条棱，使每个顶点出发的棱的颜色各不相同. 正三及正四棱锥的边染色计数公式[14] 已有结论，本文拟将其推广到正五、正六及正七棱锥的情况，将其 k 边着色计数问题转化成图的顶点 k 着色计数问题，并根据基本计数原理和容斥原理，得到其计数公式.

引理 1：（容斥原理）设 S 是有限集，a_1，a_2，$\cdots$，a_n 是 n 个性质. 对任意 k（$1 \leqslant k \leqslant n$）个正整数 i_1，i_2，$\cdots$，i_k（$1 \leqslant i_1 < i_2 < \cdots < i_k \leqslant n$），以 N（$a_{i_1} a_{i_2} \cdots a_{i_k}$）

表示 S 中同时具有性质 a_{i_1}，a_{i_2}，$\cdots$，a_{i_k} 的元素个数，以 $N\left(a_1' a_2' \cdots a_n'\right)$ 表示 S 中不具有 a_1，a_2，$\cdots$，a_n 中任一个性质的元素个数，则 $N\left(a_1' a_2' \cdots a_n'\right) = |S| +$

$$\sum_{k=1}^{n} (-1)^k \sum_{1 \leq i_1 < i_2 < \cdots < i_k \leq n} N\left(a_{i_1} a_{i_2} \cdots a_{i_k}\right).$$

以下是文[14]中关于正三棱锥及正四棱锥的边染色计数公式的结论：

引理2：正三棱锥的 k 边着色方法数为

$$f(3, k) = k(k-1)(k-2)\left(k^3 - 9k^2 + 29k - 32\right).$$

引理3：正四棱锥的 k 边着色方法数为

$$f(4, k) = k(k-1)(k-2)(k-3)\left(k^4 - 12k^3 + 58k^2 - 135k + 126\right).$$

二、正五、正六及正七棱锥的边染色计数公式

定理1：正五棱锥的 k 边着色方法数为

$$f(5, k) = k(k-1)(k-2)(k-3)(k-4)\left(k^5 - 15k^4 + 95k^3 - 320k^2 + 579k - 452\right).$$

证明：如图1，正五棱锥 $S - ABCDE$ 的 k 边着色即用 k 种不同颜色去染正五棱锥 $S - ABCDE$ 的 10 条棱，使每个顶点出发的棱的颜色各不相同．把正五棱锥 $S - ABCDE$ 的 10 条棱转化成 10 个顶点（棱 SA，SB，SC，SD，SE 分别对应顶点 A_1，A_2，A_3，A_4，A_5；棱 AB，BC，CD，DE，EA 分别对应顶点 B_1，B_2，B_3，B_4，B_5），并把其中必须异色的顶点用边相连，此时 $f(5, k)$ 即为图2的顶点 k 着色方法数．

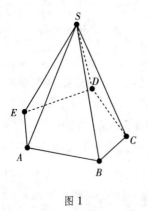

图1

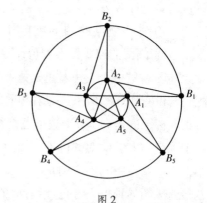

图2

以下对图2进行顶点 k 着色，先对顶点 A_1，A_2，A_3，A_4，A_5 进行着色，共有 $k(k-1)(k-2)(k-3)(k-4)$ 种方法，再对 B_1，B_2，B_3，B_4，B_5 进行着色，作以下分类（表1）：

表1 着色分类

序号	B_1与B_2	B_2与B_3	B_3与B_4	B_4与B_5	B_5与B_1	B_1，B_2，B_3，B_4，B_5的着色方法数
（1）	没有限制	没有限制	没有限制	没有限制	没有限制	$(k-2)^5$
（2）	同色	没有限制	没有限制	没有限制	没有限制	$(k-3)(k-2)^3$
（3）	没有限制	同色	没有限制	没有限制	没有限制	$(k-3)(k-2)^3$
（4）	没有限制	没有限制	同色	没有限制	没有限制	$(k-3)(k-2)^3$
（5）	没有限制	没有限制	没有限制	同色	没有限制	$(k-3)(k-2)^3$
（6）	没有限制	没有限制	没有限制	没有限制	同色	$(k-3)(k-2)^3$
（7）	同色	同色	没有限制	没有限制	没有限制	$(k-4)(k-2)^2$
（8）	没有限制	同色	同色	没有限制	没有限制	$(k-4)(k-2)^2$
（9）	没有限制	没有限制	同色	同色	没有限制	$(k-4)(k-2)^2$
（10）	没有限制	没有限制	没有限制	同色	同色	$(k-4)(k-2)^2$
（11）	同色	没有限制	没有限制	没有限制	同色	$(k-4)(k-2)^2$
（12）	同色	没有限制	同色	没有限制	没有限制	$(k-3)^2(k-2)$
（13）	同色	没有限制	没有限制	同色	没有限制	$(k-3)^2(k-2)$
（14）	没有限制	同色	没有限制	同色	没有限制	$(k-3)^2(k-2)$
（15）	没有限制	同色	没有限制	没有限制	同色	$(k-3)^2(k-2)$
（16）	没有限制	没有限制	同色	没有限制	同色	$(k-3)^2(k-2)$
（17）	同色	同色	同色	没有限制	没有限制	$(k-5)(k-2)$
（18）	没有限制	同色	同色	同色	没有限制	$(k-5)(k-2)$
（19）	没有限制	没有限制	同色	同色	同色	$(k-5)(k-2)$
（20）	同色	没有限制	没有限制	同色	同色	$(k-5)(k-2)$
（21）	同色	同色	没有限制	没有限制	同色	$(k-5)(k-2)$

续 表

序号	B_1与B_2	B_2与B_3	B_3与B_4	B_4与B_5	B_5与B_1	B_1，B_2，B_3，B_4，B_5 的着色方法数
(22)	同色	同色	没有限制	同色	没有限制	$(k-4)(k-3)$
(23)	没有限制	同色	同色	没有限制	同色	$(k-4)(k-3)$
(24)	同色	没有限制	同色	同色	没有限制	$(k-4)(k-3)$
(25)	没有限制	同色	没有限制	同色	同色	$(k-4)(k-3)$
(26)	同色	没有限制	同色	没有限制	同色	$(k-4)(k-3)$
(27)	同色	同色	同色	同色	没有限制	$k-5$
(28)	没有限制	同色	同色	同色	同色	$k-5$
(29)	同色	没有限制	同色	同色	同色	$k-5$
(30)	同色	同色	没有限制	同色	同色	$k-5$
(31)	同色	同色	同色	没有限制	同色	$k-5$
(32)	同色	同色	同色	同色	同色	$k-5$

由加法原理和容斥原理得：

$$f(5,k) = k(k-1)(k-2)(k-3)(k-4)[(k-2)^5 - 5(k-3)(k-2)^3$$
$$+ 5(k-4)(k-2)^2 + 5(k-3)^2(k-2) - 5(k-5)(k-2)$$
$$- 5(k-4)(k-3) + 5(k-5) - (k-5)],$$

化简即得定理 1.

定理 2：正六棱锥的 k 边着色方法数为 $f(6,k) = k(k-1)(k-2)(k-3)(k-4)(k-5)(k^6 - 18k^5 + 141k^4 - 618k^3 + 1608k^2 - 2375k + 1570)$.

证明：如图 3，正六棱锥 $S-ABCDEF$ 的 k 边着色即用 k 种不同颜色去染正六棱锥 $S-ABCDEF$ 的 12 条棱，使每个顶点出发的棱的颜色各不相同．把正六棱锥 $S-ABCDEF$ 的 12 条棱转化成 12 个顶点（棱 SA，SB，SC，SD，SE，SF 分别对应顶点 A_1，A_2，A_3，A_4，A_5，A_6；棱 AB，BC，CD，DE，EF，FA 分别对应顶点 B_1，B_2，B_3，B_4，B_5，B_6），并把其中必须异色的顶点用边相连，此时 $f(6,k)$ 即为图 4 的顶点 k 着色方法数．

以下对图 4 进行顶点 k 着色，先对顶点 A_1，A_2，A_3，A_4，A_5，A_6 进行着色，共有 $k(k-1)(k-2)(k-3)(k-4)(k-5)$ 种方法，再对 B_1，B_2，B_3，B_4，B_5，B_6 进行着色，作以下分类（表 2）：

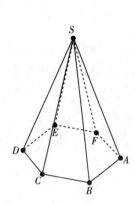

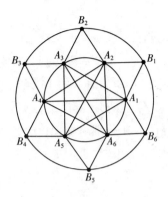

图 3　　　　　　　　　　　　　　　　　图 4

表 2　着色分类

序号	B_1，B_2，B_3，B_4，B_5，B_6 中相邻的同色点对数目	B_1，B_2，B_3，B_4，B_5，B_6 的着色方法数
(1)	0	$(k-2)^6$
(2)	1	$6(k-3)(k-2)^4$
(3)	2	$6(k-4)(k-2)^3+9(k-3)^2(k-2)^2$
(4)	3	$6(k-5)(k-2)^2+12(k-4)(k-3)(k-2)+2(k-3)^3$
(5)	4	$6(k-6)(k-2)+6(k-5)(k-3)+3(k-4)^2$
(6)	5	$6(k-6)$
(7)	6	$k-6$

由加法原理和容斥原理得：

$$f(6,k)=k(k-1)(k-2)(k-3)(k-4)(k-5)[(k-2)^6$$
$$-6(k-3)(k-2)^4+6(k-4)(k-2)^3+9(k-3)^2(k-2)^2$$
$$-6(k-5)(k-2)^2-12(k-4)(k-3)(k-2)-2(k-3)^3$$
$$+6(k-6)(k-2)+6(k-5)(k-3)+3(k-4)^2$$
$$-6(k-6)+(k-6)],$$

化简即得定理 2.

定理 3：正七棱锥的 k 边着色方法数为 $f(7,k)=k(k-1)(k-2)(k-3)(k-4)(k-5)(k-6)(k^7-21k^6+196k^5-1057k^4+3570k^3-7588k^2+$

$9463k - 5392$).

证明: 如图 5，正七棱锥 $S-ABCDEFG$ 的 k 边着色即用 k 种不同颜色去染正七棱锥 $S-ABCDEFG$ 的 14 条棱，使每个顶点出发的棱的颜色各不相同. 把正七棱锥 $S-ABCDEFG$ 的 14 条棱转化成 14 个顶点（棱 SA, SB, SC, SD, SE, SF, SG 分别对应顶点 A_1, A_2, A_3, A_4, A_5, A_6, A_7，棱 AB, BC, CD, DE, EF, FG, GA 分别对应顶点 B_1, B_2, B_3, B_4, B_5, B_6, B_7），并把其中必须异色的顶点用边相连，此时 $f(7, k)$ 即为图 6 的顶点 k 着色方法数.

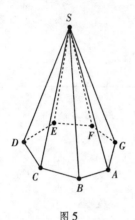

图 5

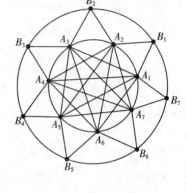

图 6

以下对图 6 进行顶点 k 着色，先对顶点 A_1, A_2, A_3, A_4, A_5, A_6, A_7 进行着色，共有 $k(k-1)(k-2)(k-3)(k-4)(k-5)(k-6)$ 种方法，再对 B_1, B_2, B_3, B_4, B_5, B_6, B_7 进行着色，作以下分类（表 3）:

表 3　着色分类

序号	B_1, B_2, B_3, B_4, B_5, B_6, B_7 中相邻的同色点对数目	B_1, B_2, B_3, B_4, B_5, B_6, B_7 的着色方法数
(1)	0	$(k-2)^7$
(2)	1	$7(k-3)(k-2)^5$
(3)	2	$7(k-4)(k-2)^4 + 14(k-3)^2(k-2)^3$
(4)	3	$7(k-5)(k-2)^3 + 21(k-4)(k-3)(k-2)^2 + 7(k-3)^3(k-2)$
(5)	4	$7(k-6)(k-2)^2 + 14(k-5)(k-3)(k-2) + 7(k-4)^2(k-2) + 7(k-4)(k-3)^2$

序号	B_1，B_2，B_3，B_4，B_5，B_6，B_7中相邻的同色点对数目	B_1，B_2，B_3，B_4，B_5，B_6，B_7 的着色方法数
(6)	5	$7(k-7)(k-2)+7(k-6)(k-3)+7(k-5)(k-4)$
(7)	6	$7(k-7)$
(8)	7	$k-7$

由加法原理和容斥原理，

$$
\begin{aligned}
f(7,k) =\ & k(k-1)(k-2)(k-3)(k-4)(k-5)(k-6)\big[\ (k-2)^7 \\
& -7(k-3)(k-2)^5+7(k-4)(k-2)^4+14(k-3)^2(k-2)^3 \\
& -7(k-5)(k-2)^3-21(k-4)(k-3)(k-2)^2 \\
& -7(k-3)^3(k-2)+7(k-6)(k-2)^2 \\
& +14(k-5)(k-3)(k-2)+7(k-4)^2(k-2) \\
& +7(k-4)(k-3)^2-7(k-7)(k-2) \\
& -7(k-6)(k-3)-7(k-5)(k-4) \\
& +7(k-7)-(k-7)\big],
\end{aligned}
$$

化简得定理 3.

表 4 是部分 $f(n,k)$ 值：

表 4　$f(n,k)$ 值

k	$f(5,k)$	$f(6,k)$	$f(7,k)$
5	8160	0	0
6	257760	823680	0
7	3270960	27352080	114791040
8	24648960	381467520	3939425280

对于正 n 棱锥，其边染色计数问题可转化成图 7 的顶点 k 着色问题，类似定理 1 - 3 的证明方法，可由容斥原理得到其计数公式，但运算量将大大增加，探求新的染色计数方法将是必要的.

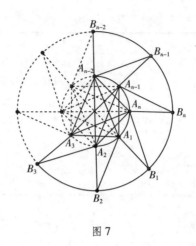

图 7

参考文献:

[1] 殷剑宏, 吴开亚. 图论及其算法 [M]. 合肥: 中国科学技术大学出版社, 2003: 146.

[2] 王跃进, 牛伟强. 关于 $2 \times n$ 方格的染色问题研究 [J]. 中学数学教育, 2011 (1): 47 - 48.

[3] 顾红俏. 关于 $3 \times n$ 棋盘的染色计数公式 [J]. 新疆师范大学学报 (自然科学版), 2007 (3).

[4] 卢家华, 吴康. $3 \times n$ 方格染色问题的再研究 [J]. 数学通报 2014 (1): 61 - 63.

[5] 张上伟, 吴康. $4 \times n$ 棋盘的染色计数问题分析 [J]. 汕头大学学报 (自然科学版), 2013 (2): 1 - 3.

[6] 薛展充. 无限制条件的 $4 \times n$ 方格染色问题研究 [J]. 华南师范大学学报 (自然科学版 - 初等数学研究), 2014: 28 - 33.

[7] 薛展充. $2 \times n$ 环形棋盘染色问题研究 [J]. 华南师范大学学报 (自然科学版 - 初等数学研究), 2014: 34 - 35, 52.

[8] 卢家华, 凌明灿, 吴康. n 棱伞图的 k 着色计数问题 [J]. 汕头大学学报 (自然科学版), 2014 (2): 1 - 3.

[9] 范思琪, 吴康, 李祥立. 从一个图论问题谈高考与竞赛的关系 [J]. 澳门教育, 2004 (2).

[10] 凌明灿, 卢家华, 吴康. 有公共顶点的圈染色计数问题 [C]. 广东省初等数学学会成立大会暨首届学术研讨会论文集, 2014.

[11] 吴康，薛展充. 关于圈图 Cn 的连 2 距 k 着色计数 [J]. 华南师范大学学报（自然科学版），2007（2）：7 – 10.

[12] 薛展充. 关于圈图 Cn 的连 3 距 k 着色计数 [J]. 汕头大学学报（自然科学版），2015（2）：56 – 61

[13] 邦迪·JA，默蒂·USR. 图论及其应用 [M]. 吴望名，李念祖，吴兰芳，等，译. 北京：科学出版社，1984：97.

[14] 薛展充. 正三及正四棱锥的边染色计数问题研究 [C]. 广东省初等数学学会第二届第一次学术研讨会论文集，2018.

例谈 2，5 在数学竞赛题目中的使用

广东省茂名市第一中学　林　堃

2，5 是两个非常小的质数，他们有一定的特殊性．下面通过两个题目来感受一下它们的作用．

一、90! 的最后两位非零数字是多少

这是一道网红题目，在好几个数学群中都出现过．要解决这个问题，先考虑下面这个问题．

1. 90! 末尾有几个零

正整数乘积末尾的 0 是由这些正整数的因数中的 5 跟 2 相乘得到的．由于 90! 的素因数里面的 2 比 5 多，所以 90! 末尾的 0 的个数即是素因数 5 的个数．1 到 90 这 90 个数里面，5 的倍数有 18 个数，它们分别是 5，10，15，…，85，90，其中 25，50，75 这三个数的因数 5 的个数为两个，所以 90! 里面一共有 $18 + 3 = 21$ 个 5，接着在 90! 的素因数里面找 21 个 2，这 21 个 5 和 21 个 2 相乘就得到 21 个 0，所以 90! 末尾一共有 21 个 0.

2. 分组计算末两位非零数字

90! 的素因数里面去掉 21 个 5 和 21 个 2，剩下来的数的乘积模 100（即除以 100 的余数）就是 90! 的末尾两位非零数字．

下面根据 5，2 的个数，将 1 到 90 这 90 个数分为四组，前两组是素因数有 5 的，后两组是素因数没有 5 的．

第一组，素因数只有 5 没有 2 的数．这些数是 $5 \times 15 \times 25 \times 35 \times 45 \times 55 \times 65 \times 75 \times 85$，这里一共 $9 + 2 = 11$ 个 5，剩下来的数是

$$1 \times 3 \times 1 \times 7 \times 9 \times 11 \times 13 \times 3 \times 17$$
$$\equiv (7 \times 9 \times 11) \times (81 \times 17)$$

$$\equiv (-19 \times 17)$$
$$\equiv -323$$
$$\equiv 77 \pmod{100}.$$

第二组是素因数既有 2 又有 5 的数. 这些数是 $10 \times 20 \times 30 \times \cdots \times 90$,

这里面一共 $9+1=10$ 个 5, $9+4+2+1=16$ 个 2. 剔除素因数 2，5 后，这些数等于

$$3 \times 3 \times 7 \times 9 = 81 \times 7 \equiv 67 \pmod{100}.$$

这两组加起来，一共是 21 个 5，16 个 2，还要在其他数里面找到 5 个 2 凑够 21 个 2，而 4×8 恰好是 5 个 2 相乘.

把 1 到 10 的数中去掉 4 和 8，剩下的数作为第三组，所以第三组数就是

$$1 \times 2 \times 3 \times 6 \times 7 \times 9 = 68 \pmod{100}.$$

剩下的数作为第四组，十位数相同的 8 个数为一小组，每一小组的乘积都是

$$1 \times 2 \times 3 \times 4 \times 6 \times 7 \times 8 \times 9 \equiv 76 \pmod{100}.$$

理由是

$$(10k + a) \left[10k + (10 - a) \right]$$
$$= 100k^2 + 100k + a(10 - a)$$
$$\equiv a(10 - a) \pmod{100}.$$

而 $76^n \equiv 76 \pmod{100}$（留给读者证明），所以第四组的结果是 76.

最后把这四组数的结果乘起来

$$77 \times 67 \times 68 \times 76$$
$$\equiv (-23) \times (-33) \times (-32) \times (-24)$$
$$\equiv 12 \pmod{100}.$$

所以 90! 末尾两位非零数字是 12.

小结：本题用的是正整数乘积末尾的 0 是由这些正整数的因数中的 5 跟 2 相乘得到这一性质，然后将整数按照有没有 2，5 来分组解决问题.

二、IMO2019 数论题

求所有正整数对 (k, n) 满足 $k! = (2^n - 1)(2^n - 2)(2^n - 4) \cdots (2^n - 2^{n-1})$.

解：由题意可知

$$k! = (2^n - 1)(2^n - 2)(2^n - 4) \cdots (2^n - 2^{n-1})$$
$$= (2^n - 1)(2^{n-1} - 1)(2^{n-2} - 1) \cdots (2 - 1) \cdot 2 \cdot 2^2 \cdot 2^3 \cdots 2^{n-1}$$
$$= 2^{\frac{n(n-1)}{2}} \prod_{i=1}^{n} (2^i - 1),$$

所以 $2^{\frac{n(n-1)}{2}} \mid k!$．而 $k!$ 中因子 2 的个数为

$$\left[\frac{k}{2}\right] + \left[\frac{k}{4}\right] + \left[\frac{k}{8}\right] + \cdots + \left[\frac{k}{2^m}\right] + \cdots < \frac{k}{2} + \frac{k}{4} + \cdots < k,$$

所以，

$$\frac{n(n-1)}{2} < k. \qquad ①$$

由于 $2^4 \equiv 1 \pmod{5}$，所以 $2^{4m} \equiv 1 \pmod{5}$，即 $5 \mid (2^{4m} - 1)$．

所以，$\prod_{i=1}^{n} (2^i - 1)$ 中每连续 4 个数有且只有一个是 5 的倍数，而这些数中又是 5 个里面有且只有 1 个为 5^2 的倍数，依次类推，故原方程右边因子 5 的个数为

$$l = \left[\frac{n}{4}\right] + \left[\frac{\frac{n}{4}}{5}\right] + \left[\frac{\frac{n}{4}}{5^2}\right] + \left[\frac{\frac{n}{4}}{5^3}\right] + \cdots$$
$$= \left[\frac{n}{4}\right] + \left[\frac{n}{20}\right] + \left[\frac{n}{100}\right] + \left[\frac{n}{500}\right] + \cdots$$
$$< \frac{n}{4} + \frac{n}{20} + \frac{n}{100} + \frac{n}{100} = 0.32n,$$

而原方程左边 $k!$ 中因子 5 的个数为

$$l = \left[\frac{k}{5}\right] + \left[\frac{k}{25}\right] + \cdots > \left[\frac{k}{5}\right] > \frac{k}{5} - 1.$$

所以，$0.32n > l > \frac{k}{5} - 1$，故

$$k < 1.6n + 5. \qquad ②$$

由①②可得

$\dfrac{n(n-1)}{2} < k < 1.6n + 5$，所以 $\dfrac{n(n-1)}{2} < 1.6n + 5$，

化简得 $n(n - 4.2) < 10$，

所以，n 只能取 1，2，3，4，5，分别将它们代入原方程，可求得原方程的全部解为 $(k, n) = (1, 1)$ 或 $(3, 2)$．

小结：本题方法是比较素因子法，这种方法在解不定方程中经常使用．因为 2，5 比较小，所以我选择它们以减小运算量．

参考文献：

［1］ 曹珍富．丢番图方程引论［M］．哈尔滨：哈尔滨工业大学出版社，2012.

［2］ 潘承洞，潘承彪．初等数论（第二版）［M］．北京：北京大学出版社，2003.

矩阵奇异值分解的应用

广东省清远市连南瑶族自治县大麦山镇中心小学　陈海燕

作者简介

陈海燕，女，1991 年 3 月出生，广东省清远市清新县人，理学学士学位，小学数学二级教师.

矩阵奇异值分解是矩阵论中的一个非常重要的工具，在最优化问题、特征值问题、最小二乘问题、广义逆矩阵问题、统计分析、信号与图像处理、系统理论和控制论等方面都有较为广泛的应用. 文中总结了矩阵奇异值分解在数值秩、图像处理以及极分解等方面的一些应用.

一、预备知识

1. 矩阵范数

定义 1：[5]在$\mathbf{C}^{n \times n}$上定义一个非负实值函数$\| \cdot \|$，对于任意的A，$B \in \mathbf{C}^{n \times n}$，$k \in \mathbf{C}$，它满足下面 4 个性质，则称$\| \cdot \|$是$\mathbf{C}^{n \times n}$上的一个矩阵范数.

（1）正定性：$\|A\| \geqslant 0$，$\|A\| = 0$ 当且仅当$A = 0$；

（2）正齐次性：$\|kA\| = |k| \|A\|$；

（3）三角不等式：$\|A + B\| \leqslant \|A\| + \|B\|$；

（4）相容性：$\|AB\| \leqslant \|A\| \|B\|$.

【例 1】

[5]对$A \in \mathbf{R}^{n \times n}$，则

$$\|A\|_1 = \sum_{i,j=1}^{n} |a_{ij}|, \|A\|_2 = \left(\sum_{i,j=1}^{n} |a_{ij}|^2 \right)^{1/2}, \|A\|_\infty = n \cdot \max_{i,j} |a_{ij}|$$

都是矩阵范数.

【例2】

[11]对 $A \in \mathbf{R}^{m \times n}$，定义 $\|A\|_F = (\langle A,A \rangle)^{1/2} = \left(\sum_{i=1}^{m} \sum_{j=1}^{n} a_{ij}^2 \right)^{1/2}$ 为 **Frobenius**

范数.

2. 酉矩阵

定义2：[6]若 $U \in \mathbf{C}^{n \times n}$满足 $U U^{\mathrm{H}} = U^{\mathrm{H}} U = I$，　　　　　　　　①

则称 U 为酉矩阵.

定理1：[6]（1）$A \in \mathbf{C}^{n \times n}$为酉矩阵$\Leftrightarrow A$ 的列（行）是标准正交的向量.

（2）$A \in \mathbf{C}^{n \times n}$为酉矩阵$\Leftrightarrow A^{\mathrm{H}} = A^{-1}$.

3. 核

定义3：[6]若 A 是一个 $m \times n$ 复矩阵，则 A 的值域定义为

$\mathrm{Range}\ (A) = \{ y \in \mathbf{C}^m \mid Ax = y,\ x \in \mathbf{C}^n \}$.　　　　　　　　②

矩阵 A 的零空间也称 A 的核，定义为满足齐次线性方程 $Ax = 0$ 的所有解向量的集合，即

$\mathrm{Null}\ (A) = \ker\ (A) = \{ x \in \mathbf{C}^n \mid Ax = 0 \}$.　　　　　　　　③

二、奇异值分解

定理2：[12]（奇异值分解定理）令 $A \in \mathbf{R}^{m \times n}$（或 $A \in \mathbf{C}^{m \times n}$），则存在正交（或酉）矩阵 $U \in \mathbf{R}^{m \times m}$（或 $\mathbf{C}^{m \times m}$）和 $V \in \mathbf{R}^{n \times n}$（或 $\mathbf{C}^{n \times n}$）使得

$A = U \Sigma V^{\mathrm{T}}$（或 $U \Sigma V^{\mathrm{H}}$），　　　　　　　　④

式中 $\Sigma = \begin{bmatrix} \Sigma_1 & 0 \\ 0 & 0 \end{bmatrix}$，且 $\Sigma_1 = \mathrm{diag}(\sigma_1, \sigma_2, \cdots, \sigma_r)$，其对角元素按照顺序

$$\sigma_1 \geqslant \sigma_2 \geqslant \cdots \geqslant \sigma_r > 0,\ r = \mathrm{rank}\ (A)　　　　　⑤$$

排列.

数值 σ_1，σ_2，$\cdots$，σ_r连同$\sigma_{r+1} = \sigma_{r+2} = \cdots = \sigma_n = 0$ 一起称作矩阵 A 的奇异值.

下面是关于奇异值和奇异值分解的几点解释和标记.

（1）$n \times n$ 矩阵 V 为酉矩阵，用 V 右乘式④，得 $AV = U\Sigma$，其列向量形式为

$Av_i = \begin{cases} \sigma_i u_i,\ i = 1,\ 2,\ \cdots,\ r, \\ 0,\ i = r+1,\ r+2,\ \cdots,\ n, \end{cases}$　　　　　　　　⑥

因此，V 的列向量v_i称为矩阵 A 的右奇异值向量，V 称为 A 的右奇异向量

矩阵.

（2）$m \times m$ 矩阵 U 是酉矩阵，用 U^H 左乘式④，得到 $U^H A = \Sigma V$，其列向量形式为

$$u_i^H A = \begin{cases} \sigma_i v_i^H, & i = 1, 2, \cdots, r, \\ 0, & i = r+1, r+2, \cdots, n, \end{cases} \tag{⑦}$$

因此，U 的列向量 u_i 称为矩阵 A 的左奇异向量，并称 U 为 A 的左奇异向量矩阵.

（3）矩阵 A 的奇异值分解式④可以改写成向量表达形式

$$A = \sum_{i=1}^{r} \sigma_i u_i v_i^H, \tag{⑧}$$

这种表达有时称为 A 的并向量（奇异值）分解.

（4）由式④易得

$$A A^H = U \Sigma^2 U^H. \tag{⑨}$$

这表明，$m \times n$ 矩阵 A 的奇异值 σ_i 是矩阵乘积 $A A^H$ 特征值（这些特征值是非负的）的正平方根.

推论:[9] 设 $A \in C^{m \times n}$，则

（1）A 的非零奇异值的个数等于 $r = \text{rank}(A)$；

（2）$v_{r+1}, \cdots, v_n$ 是 $N(A)$ 的一组标准正交基；

（3）$u_1, \cdots, u_r$ 是 $R(A)$ 的一组标准正交基；

（4）$A = \sum_{i=1}^{r} \sigma_i u_i v_i^H = U_1 \Sigma V_1^H$（称作 A 的满秩奇异值分解）.

奇异值的性质:

矩阵的各种变形与奇异值的变化有以下关系:

（1）$m \times n$ 矩阵 A 的共轭转置 A^H 的奇异值分解为

$$A^H = V \Sigma^T U^H, \tag{⑩}$$

即矩阵 A 和 A^H 具有完全相同的奇异值.

（2）$A^H A$，$A A^H$ 的奇异值分解分别是

$$A^H A = V \Sigma^T \Sigma V^H, \quad A A^H = U \Sigma \Sigma^T U^H, \tag{⑪}$$

其中 $\Sigma^T \Sigma = \text{diag}(\sigma_1^2, \sigma_2^2, \cdots, \sigma_r^2, \overbrace{0, \cdots, 0}^{n-r\uparrow})$, \hfill ⑫

$$\Sigma \Sigma^T = \text{diag}(\sigma_1^2, \sigma_2^2, \cdots, \sigma_r^2, \overbrace{0, \cdots, 0}^{m-r\uparrow}). \tag{⑬}$$

（3）P 和 D 分别为 $m \times m$ 和 $n \times n$ 酉矩阵时，PAD^H 的奇异值分解由

$$PAD^{\mathrm{H}} = \hat{U} \Sigma \ \hat{V}^{\mathrm{H}} \qquad\qquad\qquad ⑭$$

给出，其中 $\hat{U} = PU$，$\hat{V} = DV$.

【例3】

求下面矩阵的奇异值和左右特征向量：

$$A = \begin{bmatrix} -1 & 1 & 0 \\ 1 & 0 & 1 \end{bmatrix},$$

易解得

$$A A^{\mathrm{H}} = \begin{bmatrix} -1 & 1 & 0 \\ 1 & 0 & 1 \end{bmatrix} \begin{bmatrix} -1 & 1 \\ 1 & 0 \\ 0 & 1 \end{bmatrix} = \begin{bmatrix} 2 & -1 \\ -1 & 2 \end{bmatrix},$$

则有，$A A^{\mathrm{H}}$ 的特征多项式为

$$\left| \lambda I - A A^{\mathrm{H}} \right| = \begin{vmatrix} \lambda - 2 & 1 \\ 1 & \lambda - 2 \end{vmatrix} = (\lambda - 1)(\lambda - 3),$$

进而得到 $A A^{\mathrm{H}}$ 的特征值为 $\lambda_1 = 3$，$\lambda_2 = 1$. 因此 A 的奇异值为

$$\sigma_1 = \sqrt{3}, \ \sigma_2 = 1.$$

又因为 A 的左奇异向量是 $A A^{\mathrm{H}}$ 的特征向量，所以可以求出 λ_1 和 λ_2 相对应的特征向量分别是 $\begin{bmatrix} 1 \\ -1 \end{bmatrix}$ 和 $\begin{bmatrix} 1 \\ 1 \end{bmatrix}$. 用单位特征向量来表示奇异向量，则有

$$u_1 = \frac{1}{\sqrt{2}} \begin{bmatrix} 1 \\ -1 \end{bmatrix} \text{和} u_2 = \frac{1}{\sqrt{2}} \begin{bmatrix} 1 \\ 1 \end{bmatrix}.$$

右奇异向量可以通过计算 $A^{\mathrm{H}} A$ 的特征向量求得，但通过公式 $v_i = \sigma_i^{-1} A^{\mathrm{H}} i$ 使计算更为简便. 故

$$v_1 = \sigma_1^{-1} A^{\mathrm{H}} u_1 = \frac{1}{\sqrt{6}} \begin{bmatrix} -2 & 1 & -1 \end{bmatrix}^{\mathrm{T}} \text{和} v_2 = \sigma_2^{-1} A^{\mathrm{H}} u_2 = \frac{1}{\sqrt{2}} \begin{bmatrix} 0 & 1 & 1 \end{bmatrix}^{\mathrm{T}}.$$

注意到这些特征向量都是正交的. 第三个向量一定满足 $A v_3 = 0$，求解这个方程，得到 $v_3 = \frac{1}{\sqrt{3}} \begin{bmatrix} 1 & 1 & -1 \end{bmatrix}^{\mathrm{T}}$.

根据上述结果，我们就很容易构造奇异值分解 $A = U \Sigma V^{\mathrm{H}}$，

其中 $U = \begin{bmatrix} u_1 & u_2 \end{bmatrix} = \frac{1}{\sqrt{2}} \begin{bmatrix} 1 & 1 \\ -1 & 1 \end{bmatrix}$，$\Sigma = \begin{bmatrix} \sigma_1 & 0 & 0 \\ 0 & \sigma_2 & 0 \end{bmatrix} = \begin{bmatrix} 1 & 0 & 0 \\ 0 & \sqrt{3} & 0 \end{bmatrix}$，

$$V = [\begin{matrix} v_1 & v_2 & v_3 \end{matrix}] = \frac{1}{\sqrt{6}}\begin{bmatrix} -2 & 0 & \sqrt{2} \\ 1 & \sqrt{3} & \sqrt{2} \\ -1 & -\sqrt{3} & -\sqrt{2} \end{bmatrix}.$$

即

$$A = \frac{1}{2\sqrt{3}}\begin{bmatrix} 1 & 1 \\ -1 & 1 \end{bmatrix}\begin{bmatrix} \sqrt{3} & 0 & 0 \\ 0 & 1 & 0 \end{bmatrix}\begin{bmatrix} -2 & 0 & \sqrt{2} \\ 1 & \sqrt{3} & \sqrt{2} \\ -1 & \sqrt{3} & -\sqrt{2} \end{bmatrix}.$$

由上述证明，我们可以给出求 A 的奇异值分解的一般步骤[3]：

（1）求 $A^H A$（或 AA^H）的非零特征值 $\lambda_1, \cdots, \lambda_r$；

（2）求 AA^H 的对应于特征值 $\lambda_1, \cdots, \lambda_r$ 的单位特征向量 $u_1, \cdots, u_r$；

（3）求 $A^H A$ 的对应于特征值 $\lambda_1, \cdots, \lambda_r$ 的单位特征向量 $v_1, \cdots, v_r$；

（4）$A = U_1 \Sigma V_1^H$ 为 A 的奇异值分解，其中

$U_1 = (u_1, \cdots, u_r), V_1 = (v_1, \cdots, v_r), \Sigma = \text{diag}(\sigma_1, \sigma_2, \cdots, \sigma_r)$.

【例4】

[2]（奇异值分解的几何意义）对单位圆进行研究，设单位圆 S^1：$x^2 + y^2 = 1$，研究其在矩阵 $A = \begin{bmatrix} 2 & 2 \\ -1 & 1 \end{bmatrix}$ 作用下的变化. 根据奇异值分解定理可知 $A^H A = \begin{bmatrix} 5 & 3 \\ 3 & 5 \end{bmatrix}$，则其对应的特征值为 $\lambda_1 = 2$，$\lambda_2 = 8$，故得到 A 的奇异值分解为

$$A = \begin{bmatrix} 0 & 1 \\ -1 & 0 \end{bmatrix}\begin{bmatrix} \sqrt{2} & 0 \\ 0 & 2\sqrt{2} \end{bmatrix}\begin{bmatrix} \frac{1}{\sqrt{2}} & -\frac{1}{\sqrt{2}} \\ \frac{1}{\sqrt{2}} & \frac{1}{\sqrt{2}} \end{bmatrix}.$$

由此可知，矩阵 A 在单位圆 S^1 上的作用被分解为三步：第一步是旋转，但这不会改变 S^1；第二步是伸缩，S^1 变成椭圆；第三步，S^1 再次旋转（本次的旋转使得原来的坐标轴互换）.

三、奇异值分解的应用

矩阵的奇异值分解是一种重要的矩阵分解，同时也是数值线性代数的一种

有效且重要的工具. 如利用矩阵奇异值分解解决矩阵秩问题、计算子空间问题、图像处理问题等, 还可利用矩阵奇异值分解证明矩阵分解中的极分解.

(一) 矩阵奇异值分解在数值线性代数中的应用

1. 子空间的旋转

假设 $A \in \mathbf{R}^{m \times n}$ 是实验得到的数据, 其中行表示个体, 列表示特征. 如果重复这个实验, 得到另一个数据 $B \in \mathbf{R}^{m \times n}$. 如果 B 是 A 旋转而成的, 该如何求解这个正交矩阵? 这等价于求解如下优化问题:

$$\min \|A - BD\|_F, \quad s.t.\ D^T D = I. \tag{⑮}$$

显而易见, 为了实现 $\|A - BD\|_F^2$ 的最小化, 应该选择正交矩阵 D 使得 BD 具有与 A 完全相同的非对角元素, 并且对角元素的平方和尽可能的接近. 此时, 矩阵范数的平方和 $\|A - BD\|_F^2$ 可以写成迹函数的形式

$$\|A - BD\|_F^2 = \mathrm{tr}\ (A^T A)\ +\mathrm{tr}\ (B^T B)\ -2\mathrm{tr}\ (D^T B^T A), \tag{⑯}$$

因此求式⑮的最小值等价于使 $\mathrm{tr}\ (D^T B^T A)$ 的最大化.

这可通过计算 $B^T A$ 的矩阵奇异值分解求出使 $\mathrm{tr}\ (D^T B^T A)$ 最大的 D. 令 $B^T A = U \Sigma V^T$, 其中 $\Sigma = \mathrm{diag}(\sigma_1, \cdots, \sigma_n)$. 记正交矩阵 $Z = V^T D^T U$, 则有

$$\mathrm{tr}(D^T B^T A) = \mathrm{tr}(D^T U \Sigma V^T) = \mathrm{tr}(Z\Sigma) = \sum_{i=1}^n z_{ii}\, \sigma_i \leqslant \sum_{i=1}^n \sigma_i,$$

当且仅当 $Z = I$ 即 $D = UV^T$ 时, 等号成立. 换言之, 若选择 $D = UV^T$, 则使 $\mathrm{tr}\ (D^T B^T A)$ 取最大值, 从而使 $\|A - BD\|_F$ 取得最小值.

【例 5】

设 $A = \begin{bmatrix} 1 & 1 \\ 2 & -2 \end{bmatrix}$, $B = \begin{bmatrix} -1 & 1 \\ 1 & 1 \end{bmatrix}$,

求 $\|A - BD\|_F$ 取得最小值的矩阵 D.

解: 设 $W = B^T A$, 则求得

$$W = U \Sigma V^T = \begin{bmatrix} \dfrac{\sqrt{2}}{2} & \dfrac{\sqrt{2}}{2} \\[3mm] \dfrac{\sqrt{2}}{2} & -\dfrac{\sqrt{2}}{2} \end{bmatrix} \begin{bmatrix} 4 & 0 \\ 0 & 2 \end{bmatrix} \begin{bmatrix} \dfrac{\sqrt{2}}{2} & -\dfrac{\sqrt{2}}{2} \\[3mm] -\dfrac{\sqrt{2}}{2} & -\dfrac{\sqrt{2}}{2} \end{bmatrix}.$$

令 $D = UV^T$, 则有

$$D = U\ V^{\mathrm{T}} = \begin{bmatrix} \dfrac{\sqrt{2}}{2} & \dfrac{\sqrt{2}}{2} \\ \dfrac{\sqrt{2}}{2} & -\dfrac{\sqrt{2}}{2} \end{bmatrix} \begin{bmatrix} \dfrac{\sqrt{2}}{2} & -\dfrac{\sqrt{2}}{2} \\ -\dfrac{\sqrt{2}}{2} & -\dfrac{\sqrt{2}}{2} \end{bmatrix} \begin{bmatrix} 0 & -1 \\ 1 & 0 \end{bmatrix},$$

此时使得 $\|A - BD\|_{\mathrm{F}}$ 取得最小值.

2. 零空间的标准正交基构造

假定矩阵的秩为 r，故零空间 Null（A）的维数等于 $n - r$. 因此，我们需要寻找 $n - r$ 个线性无关的标准正交向量作为零空间的标准正交基. 为此，考虑满足 $Ax = 0$ 的向量. 由奇异向量的性质得 $v_i^{\mathrm{H}} v_j = 0$，$\forall i = 1, \cdots, r$，$j = r + 1, \cdots$，n. 由此可知

$$Av_j = \sum_{i=1}^{r} \sigma_i u_i v_j^{\mathrm{H}} = 0, \forall j = r + 1, r + 2, \cdots, n. \tag{⑰}$$

由于与零奇异值对应的 $n - r$ 个右奇异向量 v_{r+1}，$\cdots$，v_n 线性无关，并且满足 $Ax = 0$ 的条件，故它们组成了零空间 Null（A）的基，即有

$$\text{Null}（A） = \text{Span}\ \{v_{r+1},\ v_{r+2},\ \cdots,\ v_n\}. \tag{⑱}$$

类似地，有 $A^{\mathrm{H}} u_j = \sum_{i=1}^{r} \sigma_i v_i u_i^{\mathrm{H}} u_j = 0, \forall j = r + 1, r + 2, \cdots, m.$ ⑲

由于 $m - r$ 个右奇异向量 u_{r+1}，$\cdots$，u_m 线性无关，并且满足 A^{H} 的条件，故它们组成了零空间 Null（A^{H}）的基，即有

$$\text{Null}（A^{\mathrm{H}}） = \text{Span}\ \{u_{r+1},\ \cdots,\ u_m\}. \tag{⑳}$$

【例 6】

设 $A = \begin{bmatrix} 4 & 3 \\ 8 & 6 \end{bmatrix}$，

求 Null（A）和 Null（A^{H}）.

解：根据奇异值分解定理知 A 的奇异值分解为

$$A = \frac{\sqrt{5}}{5} \begin{bmatrix} 1 & 2 \\ 2 & -1 \end{bmatrix} \begin{bmatrix} \sqrt{125} & 0 \\ 0 & 0 \end{bmatrix} \begin{bmatrix} \dfrac{4}{5} & \dfrac{3}{5} \\ \dfrac{3}{5} & -\dfrac{4}{5} \end{bmatrix},$$

所以 Null (A) = Span $\left\{\left[\dfrac{3}{5}, -\dfrac{4}{5}\right]^{\mathrm{T}}\right\}$, Null (A^{H}) = Span $\{[2, -1]^{\mathrm{T}}\}$.

3. 数值秩

在数据没有舍入误差和不确定性时，矩阵的秩可以由奇异值分解来确定，但是在误差存在的情况下，秩的确定就变得非常困难，因此，我们需要引入数值秩的概念.

定义 4：[11] 一个 $m \times n$ 矩阵的数值秩为矩阵的奇异值中大于 $\sigma_1 \max (m, n) \varepsilon$ 的个数，其中 σ_1 为 A 的最大奇异值，ε 为单位舍入误差.

【例 7】

假设 A 是一 4×4 矩阵，其奇异值分别 $\sigma_1 = 3$，$\sigma_2 = 2$，$\sigma_3 = 10^{-10}$，$\sigma_4 = 5.1 \times 10^{-12}$，且假设单位舍入误差为 4×10^{-14}. 为求得数值秩，我们可以先求

$$\sigma_1 \max (m, n) \varepsilon = 3 \times 4 \times 4 \times 10^{-14} = 4.8 \times 10^{-13},$$

并将其与奇异值进行比较，可知有四个奇异值大于 4.8×10^{-13}，故该矩阵的数值秩为 4.

以下定理说明运用奇异值给出定义矩阵数值秩的合理性. 由矩阵的奇异值分解知，任何不是满秩矩阵的一个小的扰动都会使秩增加，这里所指的是精确的秩，而不是数值秩.

定理 3：[1] 若 $A \in \mathbf{R}^{m \times n}$，且 rank (A) = $r < \min \{m, n\}$，则对 $\forall \varepsilon > 0$，存在满秩矩阵 $A_\varepsilon \in \mathbf{R}^{m \times n}$，使得 $\|A - A_\varepsilon\|_2 < \varepsilon$.

定理 3 表明任何秩亏矩阵都有任意逼近它的满秩矩阵. 这表明在 $\mathbf{R}^{m \times n}$ 中，满秩矩阵是稠密的.

如果一个矩阵不是满秩的，任何小的扰动几乎可以肯定将它变换到满秩的矩阵. 所以，如果数据存在不确定性的情况下，矩阵的秩是不可能被精确计算出来的，或者说，不可能检测一个矩阵是否是秩亏的. 虽然如此，假如一个矩阵与一个秩亏矩阵非常接近，则称它在数值上的秩亏是合理的.

4. 与奇异矩阵的距离

定理 4：[1] 若 $A \in \mathbf{R}^{m \times n}$，且 rank (A) = $r > 0$. 记 A 的奇异值分解为 $A = U\Sigma V^{\mathrm{T}}$，其中奇异值为 $\sigma_1 \geq \sigma_2 \geq \cdots \geq \sigma_r > 0$. 对 $k = 1, \cdots, r-1$，记 $A_k = U\Sigma_k V^{\mathrm{T}}$，其中 $\Sigma_k \in \mathbf{R}^{m \times n}$ 是对角矩阵 diag $\{\sigma_1, \cdots, \sigma_k, 0, \cdots, 0\}$，则 rank (A_k) = k，且

$$\sigma_{k+1} = \|A - A_k\|_2 = \min \{\|A - B\|_2 \mid \text{rank} (B) \leq k\}, \qquad ㉑$$

即在所有秩不大于 k 的矩阵中，最接近矩阵 A 的是 A_k.

证明：rank (A_k) = k 是显然的. 因为 $A - A_k = U(\Sigma - \Sigma_k) V^{\mathrm{T}}$，所以 $A - A_k$

的最大奇异值是σ_{k+1}, 故$\|A - A_k\|_2 = \sigma_{k+1}$. 余下需要证明对任何秩不大于$k$的矩阵$B$, 都有$\|A - B\|_2 \geq \sigma_{k+1}$.

给定秩不大于k的矩阵B, 因为$\dim(\ker(B)) = n - \dim(R(B)) = n - \mathrm{rank}(B) \geq n - k$,

所以$\ker(B)$的维数至少是$n - k$. 同时, 记正交矩阵V的列向量为$v_1, \cdots, v_n$, 则扩张子空间$\mathrm{Span}\{v_1, \cdots, v_{k+1}\}$的维数是$k + 1$. 因为$\ker(B)$和$\mathrm{Span}\{v_1, \cdots, v_{k+1}\}$都是$\mathbf{R}^n$的子空间, 它们的维数超过了$n$, 所以一定有非零交. 设$\hat{x}$是$\ker(B) \cap \mathrm{Span}\{v_1, \cdots, v_{k+1}\}$, 存在实数$c_1, \cdots, c_{k+1}$, 使得$\hat{x} = c_1 v_1 + \cdots + c_{k+1} v_{k+1}$.

因为$v_1, \cdots, v_{k+1}$是正交向量, 有$|c_1|^2 + \cdots + |c_{k+1}|^2 = \|\hat{x}\|_2^2 = 1$. 又因为$\hat{x} \in \ker(B)$, $B\hat{x} = 0$,

所以$(A - B)\hat{x} = A\hat{x} = \sum_{i=1}^{k+1} c_i A v_i = \sum_{i=1}^{k+1} \sigma_i c_i u_i$.

因为$u_1, \cdots u_{k+1}$也是正交的, $\|(A - B)\hat{x}\|_2^2 = \sum_{i=1}^{k+1} |\sigma_i c_i|^2 \geq \sigma_{k+1}^2 \sum_{i=1}^{k+1} |c_i|^2 = \sigma_{k+1}^2$,

所以$\|A - B\|_2 \geq \dfrac{\|(A - B)\hat{x}\|_2}{\|\hat{x}\|_2} \geq \sigma_{k+1}$.

同理, 在矩阵的Frobenius范数下, 可以证明

$$\min\{\|A - B\|_F \mid \mathrm{rank}(B) \leq k\} = \|A - A_k\|_F = (\sigma_{k+1}^2 + \sigma_{k+2}^2 + \cdots + \sigma_r^2)^{1/2}. \quad ㉒$$

这两个重要结果是许多理论和应用的基础. 例如, 总体最小二乘法、数据压缩、图像增强、动态系统实现理论以及线性方程组的求解等问题都需要用一个低秩矩阵去逼近矩阵A.

【例8】

[11]令A为一$n \times n$上三角矩阵, 其对角元素均为1, 且位于主对角线上方的元素均为-1.

$$A = \begin{bmatrix} 1 & -1 & -1 & \cdots & -1 & -1 \\ 0 & 1 & -1 & \cdots & -1 & -1 \\ 0 & 0 & 1 & & -1 & -1 \\ \vdots & & & & & \\ 0 & 0 & 0 & \cdots & 1 & -1 \\ 0 & 0 & 0 & \cdots & 0 & 1 \end{bmatrix}$$

注意到 $\det (\boldsymbol{A}) = \det (\boldsymbol{A}^{-1}) = 1$，且 $\boldsymbol{A}$ 的所有特征值均为 1. 然而，若 n 很大，则 $\boldsymbol{A}$ 接近奇异. 令

$$
\boldsymbol{B} = \begin{bmatrix}
1 & -1 & -1 & \cdots & -1 & -1 \\
0 & 1 & -1 & \cdots & -1 & -1 \\
0 & 0 & 1 & \cdots & -1 & -1 \\
\vdots & & & & & \\
0 & 0 & 0 & \cdots & 1 & -1 \\
\dfrac{-1}{2^{n-2}} & 0 & 0 & \cdots & 0 & 1
\end{bmatrix},
$$

矩阵 $\boldsymbol{B}$ 必为奇异的，因为方程组 $\boldsymbol{B}\boldsymbol{x} = \boldsymbol{0}$ 有非平凡解 $\boldsymbol{x} = (2^{n-2}, 2^{n-3}, \cdots, 2^0, 1)^{\mathrm{T}}$. 由于矩阵 $\boldsymbol{A}$ 和 $\boldsymbol{B}$ 仅在 $(n, 1)$ 位置上不同，因此 $\|\boldsymbol{A} - \boldsymbol{B}\|_{\mathrm{F}} = \dfrac{1}{2^{n-2}}$.

由㉒可得，$\sigma_n = \min \|\boldsymbol{A} - \boldsymbol{X}\|_{\mathrm{F}} \leqslant \|\boldsymbol{A} - \boldsymbol{B}\|_{\mathrm{F}} = \dfrac{1}{2^{n-2}}$，

因此，若 $n = 100$，则 $\sigma_n \leqslant 1/2^{98}$，于是 $\boldsymbol{A}$ 是非常接近奇异的.

5. 图像处理

奇异值分解的比例不变性和旋转不变性在数字图形的镜像、旋转、放大、缩小、平移等几何变化方面有很好的应用，详细内容请参考文献[14].

日常生活中，我们在传输较大的视频或者像素较大的图片时，往往比较耗时，而且不利于传送，所以很多人都会对原始数据进行压缩来缩短传输时间，下面我们简要叙述利用奇异值分解进行图像压缩的过程.

用矩阵 $\boldsymbol{A} \in \mathbf{R}^{n \times n}$ 表示要传输的原始数据. 设 $\boldsymbol{A}$ 的一个奇异值分解为 $\boldsymbol{A} = \boldsymbol{U}\boldsymbol{\Sigma}\boldsymbol{V}^{\mathrm{T}}$，其中对角矩阵 $\boldsymbol{\Sigma}$ 的对角元素从大到小排列. 假如我们选择前 m 个大奇异值进行图像传输，就是说仅传输奇异值 σ_1，$\cdots$，σ_m 以及相对应的左右奇异向量 $\boldsymbol{u}_i$ 与 $\boldsymbol{v}_i$ $(1 \leqslant i \leqslant m)$，则我们实际上仅传输了 $m + mn + mn = m(2n + 1)$ 个数据，而不是原来的 n^2 个数据. 我们把比值 $\rho = \dfrac{n^2}{2mn + m}$ 称为图像的压缩比，在重构图像时可以通过 $\boldsymbol{A}_k = \sum\limits_{i=1}^{k} \sigma_i \boldsymbol{u}_i \boldsymbol{v}_i^{\mathrm{T}}$ 来实现. 这里主要是叙述基于奇异值分解的压缩，其效果图如图 1 − 4 所示：

图 1　原始图像

图 2　损失 0.01 奇异值的压缩图像

图 3　损失 0.004 奇异值的压缩图像

图 4　损失 0.001 奇异值的压缩图像

（二）奇异值分解在矩阵分解中的应用

1. 矩阵的极分解

定理 5:[13] 设 $A \in \mathbf{C}^{n \times n}$, rank（$A$）$= r$, 则 A 可以被分解为 $A = PW$,　　㉓

其中 P 是 $n \times n$ 阶半正定矩阵, W 是 $n \times n$ 阶的酉矩阵, 上式称为矩阵 A 的极分解.

证明: 设 $A \in \mathbf{C}^{n \times n}$, A 的奇异值分解为

$$A = U \Sigma V^{\mathrm{H}} = U \Sigma U^{\mathrm{H}} U V^{\mathrm{H}} = (U \Sigma U^{\mathrm{H}})(U V^{\mathrm{H}}).$$

令 $P = U \Sigma U^{\mathrm{H}}$, 则 P 是 $n \times n$ 阶的 Hermite 矩阵（这里指 $A = A^{\mathrm{H}}$）. 又 P 酉相似于对角矩阵 Σ, 因此 P 的秩为 r, P 以 A 的奇异值为其非负的特征值, 从而 P 是半正定矩阵. 特别地, 当 $r = n$ 时, A 为可逆矩阵, A 的奇异值皆非零, 故 P 的 n 个特征值均大于零, 即 P 为正定矩阵.

令 $W = U V^{\mathrm{H}}$, 则 W 为酉矩阵的乘积, 从而 W 也是酉矩阵, 从而有分解 $A = PW$.

【例9】

求矩阵 $A = \begin{bmatrix} 2 & 3 \\ 0 & 2 \end{bmatrix}$ 的极分解形式.

解：依题意得 $AA^H = \begin{bmatrix} 13 & 6 \\ 6 & 4 \end{bmatrix}$，

其对应的特征值为 $\lambda_1 = 16$，$\lambda_2 = 1$，所以 A 的奇异值为 $\sigma_1 = 4$，$\sigma_2 = 1$. 易求得 A 的奇异值分解为

$$A = \begin{bmatrix} \dfrac{2\sqrt{5}}{5} & \dfrac{\sqrt{5}}{5} \\ \\ \dfrac{\sqrt{5}}{5} & -\dfrac{2\sqrt{5}}{5} \end{bmatrix} \begin{bmatrix} 4 & 0 \\ 0 & 1 \end{bmatrix} \begin{bmatrix} \dfrac{\sqrt{5}}{10} & \dfrac{2\sqrt{5}}{5} \\ \\ \dfrac{2\sqrt{5}}{5} & -\dfrac{\sqrt{5}}{5} \end{bmatrix},$$

$$P = U\Sigma U^H \begin{bmatrix} \dfrac{2\sqrt{5}}{5} & \dfrac{\sqrt{5}}{5} \\ \\ \dfrac{\sqrt{5}}{5} & -\dfrac{2\sqrt{5}}{5} \end{bmatrix} \begin{bmatrix} 4 & 0 \\ 0 & 1 \end{bmatrix} \begin{bmatrix} \dfrac{2\sqrt{5}}{5} & \dfrac{\sqrt{5}}{5} \\ \\ \dfrac{\sqrt{5}}{5} & -\dfrac{2\sqrt{5}}{5} \end{bmatrix} = \begin{bmatrix} \dfrac{17}{5} & \dfrac{6}{5} \\ \\ \dfrac{6}{5} & \dfrac{8}{5} \end{bmatrix},$$

$$W = UV^H = \begin{bmatrix} \dfrac{2\sqrt{5}}{5} & \dfrac{\sqrt{5}}{5} \\ \\ \dfrac{\sqrt{5}}{5} & -\dfrac{2\sqrt{5}}{5} \end{bmatrix} \begin{bmatrix} \dfrac{\sqrt{5}}{10} & \dfrac{2\sqrt{5}}{5} \\ \\ \dfrac{2\sqrt{5}}{5} & -\dfrac{\sqrt{5}}{5} \end{bmatrix} = \begin{bmatrix} \dfrac{3}{5} & \dfrac{3}{5} \\ \\ -\dfrac{7}{10} & \dfrac{4}{5} \end{bmatrix},$$

故 A 的极分解为 $A = PW$.

【例10】

[2] 矩阵的极分解是模仿复数的极形式 $z = re^{i\theta}$ 做出的，因为若记 $r = |P|$，$e^{i\theta} = |U|$，则行列式 $|A| = re^{i\theta}$ 恰好是复数 $|A|$ 的极分解. 由于半正定矩阵是正规矩阵，故矩阵的极分解的几何意义是：先旋转，然后再沿着一组正交的方向作伸缩. 复数的极分解的几何意义恰好是旋转角度 θ，再伸缩 r 倍.

四、结束语

文中主要介绍了奇异值分解在子空间旋转、数值秩、图像处理等方面的应

用，以及利用奇异值分解来证明矩阵分解中的极分解．

参考文献：

[1] 胡茂林．矩阵计算与应用 [M]．北京：科学出版社，2008．

[2] 张跃辉．矩阵理论与应用 [M]．北京：科学出版社，2011．

[3] 邱启荣．矩阵理论及其应用 [M]．北京：中国电力出版社，2008．

[4] 郑禅．半定内积下的矩阵奇异值分解及其应用研究 [D]．重庆大学，2015．

[5] 吴昌悫，魏洪增．矩阵理论与方法（第二版）[M]．北京：电子工业出版社，2013．

[6] 李剑等．矩阵分析与应用习题解答 [M]．北京：清华大学出版社，2007．

[7] 李大明．数值线性代数 [M]．北京：清华大学出版社，2010．

[8] Golub, G. H., Van Loan, C. F. 矩阵计算 [M]（第三版）．袁亚湘等译．北京：人民邮电出版社，2011．

[9] 徐树方．矩阵计算的理论与方法 [M]．北京：北京大学出版社，1995．

[10] 徐树方，钱江．矩阵计算六讲 [M]．北京：高等教育出版社，2011．

[11] Leon, S. J. 线性代数 [M]．张文博，张丽静译．北京：机械工业出版社，2010．

[12] 张贤达．矩阵分析与应用 [M]．北京：清华大学出版社，2013．

[13] 尚有林．矩阵论 [M]．北京：科学出版社，2013．

[14] 高展宏．基于 MATLAB 的图像处理案例教程 [M]．北京：清华大学出版社，2011．

附：

$\mathbf{R}$：表示所有实数的全体；

$\mathbf{C}$：表示所有复数的全体；

$\mathbf{R}^{m \times n}$：表示所有 $m \times n$ 实元素矩阵全体；

$\mathbf{C}^{m \times n}$：表示所有 $m \times n$ 复元素矩阵全体；

A^{-1}：表示矩阵 A 的逆矩阵；

A^{T} 表示矩阵 A 的转置；

A^{H} 表示矩阵 A 的共轭转置；

$\|A\|_1$，$\|A\|_2$，$\|A\|_\infty$：表示矩阵 A 的 l_p（$p=1$，2，∞）范数；

$\|A\|_{\mathrm{F}}$ 表示矩阵 A 的 Frobenius 范数；

tr（A）：表示矩阵 A 的迹；

ker（A）：表示 A 的核；

dim（R（A））：表示 A 的秩，矩阵 A 的列空间的维数；

Null（A）或 N（A）：表示矩阵 A 的零空间或核空间；

R（A）：表示 A 的值域；

$A \geqslant 0$：表示矩阵 A 为半正定矩阵.

数学教师需要增强课堂教学民主意识

——对一道初一数学习题讲评过程的反思

广东省广州市铁一中学　钟进均

教师需要有意并仔细地反思自己的教学实践，将经验的积累转变成数学能力、教学能力、教研能力和创造能力的提高[1]，应通过反思自己的教学行为及其产生的结果来为有效改善教学行为提供参照[2]，应借助于对自身教学实践的行为研究不断反思自我对数学、学生学习数学的规律、数学教学的目的、方法、手段等方面的认识，以提升自身职业水平[3]．教师应重视"实践性智慧"，借助于案例进行思维；应当高度重视案例（包括正例和反例）的分析与积累，并能通过案例的比较获得关于如何从事新的实践活动的重要启示．[4]以下是一个真实的初一数学教学案例，令笔者十分难忘，激发了深刻的反思．首先简要介绍一道习题的讲评过程，然后从多个角度去探究数学课堂教学民主这一主题．

一、一道习题的讲评过程的简介

笔者的一次初一数学习题讲评课出现了非常活跃的气氛，很多学生表现得特别积极，尽管教学进度缓慢，但是师生收获很多．一次单元测验卷的填空题的最后一道题是：已知 $a-3b+c=8$，$7a+b-c=12$，则 $5a-4b+c=$ _____．这道题的正确率不理想，只有五分之一左右的学生做对．因此，笔者特意拿出来向全班进行讲评．

在开始讲评此题目时，笔者说："同学们，填空题的最后一题得分不理想．很多同学不会做．试卷已经发下去给大家了．你们有没有再次动手做一做呢？谁能出来给大家讲讲自己的解法？"由于这个班是初一年级的新生，学生和学生之间、教师和学生之间还不是很熟悉，较多学生比较内敛，上课不敢大方表达自己的看法．笔者在教室里来回走动，给一些时间让学生们考虑一下，却看到多数学生盯着黑板，等待笔者去直接讲评．此时，笔者故意忍着不讲评，说："难道你们四十多个同学都没有人对此题目有想法吗？我不大相信哦！"．此时，教室里一片安静．笔者站在教室的后面，观察着整个教室．大概过了一分钟，平时成绩处于中等水平的女生 L 站起来，转身面向笔者，说："老师，我在考试时没有做对，我想讲一下我的想法，可以吗？"笔者马上说："很好啊！请开始．"女生 L 说："我令题目里的 $a = \dfrac{1}{2}$，可是我算不下去，很繁琐的，得不出最后结果，就放弃了．"笔者说："这想法很好啊！L 同学，你在试卷发下来之后有没有再次计算过呢？"女生 L 说："我算出 $b = -8$，求不出 c．"笔者接着说："很好！其他同学呢？有无其他做法呢？"

女生 M 主动站起来说："老师，我令 $a = 1$，则有 $1 - 3b + c = 8$，$7 + b - c = 12$，即 $-3b + c = 7$，$b - c = 5$，可以解得 $b = -6$，$c = -11$，所以 $5a - 4b + c = 5 \times 1 - 4 \times (-6) + (-11) = 18$．"

笔者听完女生 M 的解答后，马上邀请她走上讲台，在黑板上板书出来．突然，女生 J 主动站起来说："老师，我令 $c = 1$，则有 $a - 3b = 7$，$7a + b = 13$．解这个方程组比较麻烦，我解得 $a = \dfrac{23}{11}$，就不想代进去求了．"笔者说："你如此想挺好的，只要继续努力算下去，肯定能得出结果的，课后自己再接着做下去，看是否可以算出正确的解答．"此时，看到黑板上的女生 M 板书完了，笔者就走上讲台去用红色粉笔批改，并说："这个解答非常漂亮，和我提供的参考解答完全相同，真不错！"学生们主动为女生 M 鼓掌．笔者环顾教室里的学生，微笑着问："还有不同的解法吗？"教室里又安静起来了．学生们在思考，也有个别在张望，等待有人分享．笔者继续忍住不说解答．大约过了 2 分钟，平时成绩优秀的男生 L 腼腆地站起来说："老师，我的解法和他们的都不一样．我上去用黑板写出来可以吗？"终于等到了一个男生表达自己的不一样的解法了，笔者高兴地邀请他赶紧上讲台板书解答出来．其解法如下：把 $a - 3b + c = 8$，$7a + b - c = 12$ 两式相加得：$8a - 2b = 20$，即 $4a - b = 10$，所以 $5a - 4b + c = 4a - b + (a - 3b + c) = 10 + 8 = 18$．学生们看完这解答之后，马上鼓掌了．个别学生悄悄地说："这很巧妙啊，可是怎么想得到呢？"看到有学生如此议论了，笔者马上就对着全班说："这解法非常漂亮，完全正确！有同学说这个解法很难想得到．你分享一下你是如何想到如此做的吧．"学生 L 很自信地站起来说："我看到那两个方程里有三个未知数，那个 $+c$ 和 $-c$ 加起来就可以消掉了，得到 $4a -$

$b=10$. 做到这里时，我看了看要求解的 $5a-4b+c$ 刚好可以表示为 $4a-b$ 加上 $a-3b+c$，这样答案就求出来了啊."笔者马上接着问："这道题考查了什么？你用的是什么解题思想啊？"L 说："老师，您上几节课介绍过整体思想啊，我就是用这个来做的. 我觉得这方法比刚才那些同学的做法快一些". 接过 L 的话，笔者说："同学们，L 的分析很好！现在，我想和大家对比分析一下，以上同学的解法有什么区别和联系？"学生们开始小声议论了. 大概 2 分钟后，平时成绩一般的男生 Z 举手，然后站起来说："我觉得前面三个同学的解法都是同一种解法，好像是赋值法吧. L 的解法是整体代入法. 老师之前讲过这种解法，但是我在考试的时候想不起来."接着，笔者很好地表扬了 Z 的发言："你说的很对，很准确. 确实上一周老师介绍过这样的解法，但是同学们练习不多. 大家要注意这个整体代入法. 另外，赋值法也是很常用的，并且是一定能够求解出来答案的，就看你们的赋值是否能使得计算相对简便些. M 同学的赋值就很容易计算，但另外两个同学的赋值使得运算比较麻烦."笔者趁热打铁，继续说："这道题出得很好，是一个不定方程组，也就是 a，b，c 的结果不唯一，但是 $5a-4b+c$ 是一个定值 18. 这是数学里的非常奇妙的现象，很美！"至此，整道题的讲评才结束，前后用了 13 分钟.

二、分析与讨论

反思是教师以自己的职业活动为思考对象，对自己在职业中的行为以及由此产生的结果进行审视和分析的过程，不是一般意义上的"回顾"，而是反省、思考、探索和解决教育教学过程中各个方面存在的问题并总结出优秀的经验[5].

1. 数学教学民主需要教师具有先进的教育理念

不应将学习看成孤立的个人行为，而应明确学习活动的社会性质，即是一种高度组织化了的社会行为[6]. 课堂作为一个担负着特殊的社会功能和文化使命的组织，是一个由教师和学生组成的"学习与生活共同体."其核心目标是倡导学生在自主活动与实践的基础上通过交往和对话来促进自己的发展. 因此，教师需要课堂教学民主意识. 课堂教学民主的核心是教学而不是民主，民主应服务于教学，其内核是通过民主的方式和体现民主精神的教学活动来提升教学质量，从而促进学生更好地发展. 民主的课堂教学活动强调师生平等，教师不再是不容质疑的绝对权威，负有对学生发展进行引导和帮助的责任. 课堂教学民主的构成包括三个要素：即平等性、自由性和交往性. 让学生学习具有自主性，教师要通过提问、讨论、质疑、辩论等方式给予他们自由思考和表达思想的机会，并让其充分表达出自己的观点．教学民主的交往性包括师生交往和生生交往．教学民主的前提是彼此之间的相互尊重，是师生在尊重的基础上建立开放、包容、合作的交往文化．[7]

上述案例中的那道题，如是笔者直接板书讲解具体解答过程，那两分钟就可以结束了，相信学生们也能很快理解该解答．笔者创设民主的课堂氛围，"忍住不讲"，想尽办法调动学生参与课堂的积极性，故意走到学生座位中间和教室的后面，鼓励学生自由表达观点，甚至邀请他们到黑板上板书解题过程，通过老师提问、师生对话、生生对话、鼓励质疑等方式强化课堂教学民主．这充分体现了以学生发展为本的先进的教育理念．

2. 数学课堂教学民主有助于培养学生的创新思维

"数学教育是培养学生思维能力的重要途径，为创新思维的培养奠定了良好的基础．"[8]创新思维是指以新颖独创的方法解决问题的思维过程，通过这种思维能突破常规思维的界限，以超常规甚至反常规的方法和视角去思考问题，提出与众不同的解决方案，从而产生新颖的、独到的、有社会意义的思维成果．[9]数学学习中的创新意识是指：能发现问题、提出问题，综合与灵活地应用所学的数学知识与思想方法，选择有效的方法和手段分析信息，进行独立的思考、探索和研究，提出解决问题的思路，创造性地解决问题．[10]对于学生来说，创新主要是指创新性地学习，即在学习活动中独立思考并产生新设想、新方法、新成果的学习．有很多数学老师苦口婆心地讲，学生沉闷地听，反复机械地训练，不仅耗费了师生大量的时间和精力，而且严重扼杀了学生的主动性、积极性和创造性．[11]这样做也就无法培养学生的创新思维和创新意识．民主、和谐的师生关系是培养学生创新意识的前提．

上述案例中，笔者搭建平台引导学生表达自己的解法，尊重学生的主体地位，舍得给时间让学生去思考、质疑，还及时激励学生，目的就是要营造民主、和谐的师生关系，摒弃传统教学中的教师威严和"满堂灌"．女生 L 尽管没做对，但她敢于主动站起来介绍了自己的赋值法，令 $a = \frac{1}{2}$，因计算繁琐，她没得出结果；女生 M 主动介绍了令 $a = 1$，很快得出了 $b = -6$，$c = -11$，得出了最后正确解答；女生 J 主动介绍了令 $c = 1$，也是因计算繁琐，很难得出最后结果．这三个学生都运用赋值法，但由于对不同的量进行赋值，计算过程不同．如此的尝试具有创新性，值得老师鼓励．如果老师讲得多，学生就会少思考、懒思考、多依赖，非常不利于学生的创新思维发展．所以，数学教学必须突破传统的人际关系，营造愉悦的教学氛围，让师生之间平等地讨论数学问题，教师及时给予真诚的激励，这就能消除学生的戒备心理，学生往往乐此不疲，思维活跃，富有创造性.[11]

3. 具有民主意识的数学教学有助于培养学生的批判思维

美国认知心理学家皮亚杰（Jean Piaget，1896－1980）认为，教育的目的是造就批判性思维的头脑，敢于验证问题的头脑，而不是人云亦云的头脑.《普通高中数学课程标准》（2017年版）明确指出，不仅要关注学生对知识技能掌握的程度，还要更多地关注学生的思维过程.[12] 在课堂中，"学习与生活共同体"的建构，首先必须确立学生的主体地位，弘扬学生的主体性，尊重他们应有的自由和权利，同时努力增强他们的主体意识，发展他们的主体能力；其次，在弘扬学生个体的主体性品质的基础上，倡导教学主体之间的交往、合作和对话.[13] 教师在学生知识形成的过程中，不能用既定的教学方案或拟定的教学程序一味地去控制和约束学生的思维活动，而是应尽量顺应学生思维的自然进程，精心呵护学生学习的"天赋"生机，及时捕捉学生学习中产生的生成性资源，相机对预设的教学方案不断做出动态性的变革，以此来促进学生个体知识的生成[14]. 因此，我们要在课堂上创设机会给学生表达自己的想法，包括自己对一个数学问题的详细解答，也包括自己对他人解答的质疑和批判. 只有给学生"机会"，减少教师的"包办"和"垄断"，学生才感受到自己是这个"共同体"的一员，才有机会和"成员们"开展交往、合作和对话.

正如上述案例中的四个学生的先后解答，特别是前三个解答都属于一种解法：赋值法. 笔者并没有因为这三个学生的解法本质上是大同小异而否定了他们的解答，而鼓励他们完整地呈现出来，在后面再组织学生一起总结、对比这些解法的差异. 这是很好的"批判思维"的培养策略. 要批判，就应懂得先完整地了解要批判的内容，这需要耐心和认真的态度. 教师应是学生学习活动的促进者，而并非只是传授者，要为学生的学习活动创造一个良好的学习环境[15]. 创设机会给学生自主表达、对话、交往和合作，并不是教师放任不管，而是教师作为组织者、观察者、引导者和评价者灵活地"掌控全局"，合理地处理好课堂生成性环节，促进批判性课堂氛围有助于数学学习活动的进展. 所以，笔者在整个习题讲评过程中始终保持着"共同体中的一员"的身份，和学生一起讨论各种解法，比较（批判）它们的优劣，最后得出了这道题的正确解答（不唯一）.

4. 具有民主意识的数学教学有助于激发学生的数学学习热情

奥苏贝尔（David P. Ausubel，1918 – 2008）认为，学习者的成就动机都可指向认知内驱力、自我提高内驱力和附属内驱力．其中认知内驱力指向学习任务本身（为了获得知识），是一种要求理解事物，掌握知识，以及系统地阐述问题并解决问题的需要．增强学生的认知内驱力，就需要强化学生的自我概念．学生的自我概念是指学生对于自身作为学习者的认识以及学习过程中的认知体验．在课堂教学中，教师应尽量创设机会使学生满足自己的成长需求，给予多种鼓励，捕捉学生的思维亮点，在最恰当的时机进行及时评价，这样就能逐渐强化学生的自我概念．[14]

不同层次的学生具有不同的数学学习需求．教师需要在教学中通过不同渠道了解学生的数学学习需求，并想尽办法创设机会、把握契机，将学生的需求从低层次推向高层次，最终满足他们的自我实现的需求[14]．所以，尽管是试卷讲评课，老师也应努力创设课堂教学民主氛围，让学生大胆表达自己在考试过程中的解题历程和感想非常必要．学生的数学学习认知体验需要通过分享、交流以及老师的评价才能得到强化．否则，学生的认知体验难以被"共同体"成员（含老师）所了解．上述案例中，一道难度较大的填空题的讲评耗掉了十多分钟，表面上看效率低，但多个学生分享、交流了自己的想法，必然比笔者自己直接讲解解答更能强化学生的自我概念．特别是那个上黑板板书自己解答的学生的自我实现的需求得到了很大的满足．只有学生的成长（学习）需求尽量得到满足，才会产生并维持数学学习热情．

5. 具有民主意识的数学教学有助于增进师生的情感交流

课堂教学民主的建立需要遵循以下原则：尊重差异，培育尊严；自由表达，互相倾听；对话合作，共同分享；民主平等，共同发展．教师应承认学生发展存在差异性，让每个学生在原有基础和不同起点上获得最优发展；应努力创设一种自由宽松、心理安全的课堂环境，营造一种相互信任、相互尊重的课堂气氛，鼓励学生大胆表达，学会倾听．只有师生之间建立了民主平等、相互尊重和相互信任的关系，教师才能够真正走进学生的精神生活、情感和心灵世界，学生才能够感受和体验到自己人格上的自主和尊严，从而积极参与到教学活动中来．[13]在上述案例中，笔者敢于给足够多的时间让多个学生去表达自己的想法，需要对学生有充分的信任．学生能够在老师的引导下充分展示自我：口头表达、上黑板板书解题过程，心理上肯定是安全的、轻松的．这也呈现了良好的师生情感基础．

三、结束语

以上基于一道填空题的讲解过程的反思，论证和强调了数学教学应重视课堂教学民主．课堂教学民主有助于培养学生的创新思维和批判性思维，有助于激发学生的数学学习热情，有助于增进师生的情感交流．创设良好的课堂教学民主，是新课程改革的客观要求，需要广大数学教师共同努力．

参考文献：

[1] 刘燚．数学教师能力活动途径的调查研究［J］．数学教育学报，2011，20（6）：36．

[2] 张昆，曹一鸣．完善数学教师教学行为的实现途径［J］．数学教育学报，2015，24（1）：33．

[3] 张维忠．有限地改进教师的教学行为［J］．数学教育学报，2001，10（4）：27．

[4] 郑毓信．课改背景下的数学教育研究［M］．上海：上海教育出版社，2012，8：109－111．

[5] 余文森．有效教学十讲［M］．上海：华东师范大学出版社，2009，10：205．

[6] 郑毓信．新数学教育哲学［M］．上海：华东师范大学出版社，2015，7：270－273．

[7] 姜丽华．课堂教学民主的内核、结构及其实践张力［J］．现代教育科学，2019（3）：96－105．

[8] 孙延洲．基于创新思维培养的中学数学教育研究［D］．华中师范大学，2012，5．

[9] 姚本先．大学生心理健康教育［M］．合肥：安徽大学出版社，2012：272－275．

[10] 教育部考试中心．2017年普通高等学校招生全国统一考试大纲（理科）［M］．2016，12：21．

[11] 钟进均．基于"说数学"实践的创新思维培养案例研究［J］．数学通讯，2019（7）：11－15．

[12] 中华人民共和国教育部．普通高中数学课程标准（2017年版）［M］．北京：人民教育出版社，2018，1：87．

［13］ 王攀峰．"学习与生活共同体"的建构原则初探［J］．课程·教材·
       教法，2006，26（6）：29－34.

［14］ 钟进均，刘仕森．基于需求层次理论的"说数学"案例探究［J］．
       中学数学，2015（6）：46－50.

［15］ 郑毓信．数学教育哲学［M］．成都：四川教育出版社，2001，
       9：387.

基于"四基""四能"的一节三角函数复习课

广东广雅中学　赖淑明

一、问题提出

普通高中数学课程标准（2017 年版）提出："通过高中数学课程的学习，学生能获得进一步学习以及未来发展所必需的数学基础知识、基本技能、基本思想、基本活动经验（简称'四基'）；提高从数学角度发现和提出问题的能力、分析和解决问题的能力（简称'四能'）."

课程标准解读提出："四基"是一个密切联系、相互交融的有机整体，在课程设计和教学活动组织中，应同时兼顾这四个方面的目标．这些目标的整体实现，是学生数学学科核心得以提升的保障．从实践上来看，结合课程内容的实际要求和学生的年龄特点，适时、适度地引导学生从日常生活中和具体情境中发现、提出一些数学问题，进而分析和解决问题，是有利于数学学习水平提高的．

复习课是高中数学课堂必不可少的课型之一，该课型主要是对学生已经学习过的知识、方法进行梳理，帮助学生巩固和提高以形成自己的知识体系，掌握数学基本技能和数学思想方法．本节三角函数的复习课，是高一学生学习了必修四后，期末考试前的三角函数板块复习．传统的复习课，一般是教师和学生一起回顾知识点，借助习题、易错题的训练，达到巩固学生的知识和方法的目的．这种以教师为主导，教师引领学生一步步复习的模式，侧重的是对学生的基础知识和基本技能的巩固，比较符合传统意义上的"双基"要求，忽视了对学生的"四能"的训练．那么，如何在复习课上更有效地落实"四基"和"四能"，笔者进行了认真思考后，在课堂设计上做了一次新尝试，取得了意想不到的效果．

二、课堂教学流程、片断展示

1. 课前准备

学生根据教师布置的复习任务做好课前准备．教师布置任务：每个同学自主复习三角函数板块,并从中选出一道好题与大家分享.好题的选择标准必须符合下列条件之一:①易错题;②考查典型知识或者典型方法;③解法多样或者解法独到的妙题.分享的内容包括题目、考点、推荐理由、解法共四个方面.

教师的准备:批阅学生选取的好题,根据本章知识点的分布,对学生选取的好题进行分类,并选择典型的好题制作 PPT.

2. **课堂流程**

(1)师生一起复习、构建必修四三角函数板块知识导图(图1).

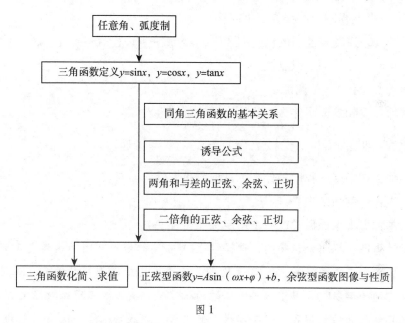

图1

(2)学生按知识顺序分享好题.

(3)教师在每个学生分享的过程中适时就关键位置点评.每个学生分享后,教师适当总结相关的知识点和解题方法,提升学生综合分析问题和解决问题的能力.

3. **教学片断展示**

片断1:由 A 同学分享,A 同学选取的题目、考点和推荐的理由如下.

题目:利用三角函数线证明:若 $0 < \alpha < \beta < \dfrac{\pi}{2}$,则 $\beta - \alpha > \sin\beta - \sin\alpha$.

考点:三角函数线.

推荐理由:三角函数线这一基本工具易被忽略,而有时候利用三角函数线却能对题目巧妙求解.

推荐者：学生 A.

学生 A：三角函数线是一个容易被忽视的工具，我认为这道题具有引起大家重视这个工具的意义．以形证数，往往能收获妙解．

学生 A：详细讲解了如何作单位圆，找三角函数线证明该题．

教师：那大家记得三角函数线是怎么定义的吗？（随堂提问，并抽取学生回答）

教师：我们再一起复习一下三角函数的定义，三角函数有几个定义，分别是什么？（随堂提问，并抽取学生回答）

教师：这道题要证明的结论是 $\beta - \alpha > \sin\beta - \sin\alpha$，观察这个形式，大家还能想起必修一的什么知识点？

学生（全体）：单调性．

教师：实际是证明什么函数什么样的单调性？

学生：证明 $x \in \left(0, \dfrac{\pi}{2}\right)$，$f(x) = x - \sin x$ 单调递增．

教师：在必修一我们用什么工具证明单调性？

学生：单调性的定义．

教师：那大家课后尝试一下用定义能否证明．

设计意图：根据知识导图，选择学生 A 分享的好题，因为这道题考查了三角函数定义和三角函数线．三角函数线是三角板块中以形解数的重要工具．我们以这道题为契机，复习了三角函数的两种定义，巩固了三角函数定义．同时，点评题目结论的结构形式，引导学生发散思考，并联系必修一认清问题的本质，即证明函数单调性．

根据知识分布的顺序，接下来由五名学生分享了如下五道好题，分别是片断 2，片断 3，片断 4 和片断 5.

片断 2：由 B 同学分享，B 同学选取的题目、考点和推荐的理由如下．

题目：解关于 x 的方程 $\cos\left(x + \dfrac{\pi}{3}\right) = \cos\left(2x + \dfrac{\pi}{2}\right)$．

考点：三角函数线、分类讨论．

推荐理由：知值求角是三角函数的一个难点．

学生 B 从两个角终边相同和终边关于 x 轴对称两个角度分类讨论，分析出了该问题的求解方法．

设计意图：这道题表面上考查的是三角函数线的应用，实质上是诱导公式的推导过程. 从学生分享这道题的解法的分类思路出发, 教师引导学生复习三角函数的诱导公式, 以及 $y = \cos x$ 的三角函数图像. 从三角函数线及三角函数图像两个角度求解该题, 并和学生一道总结出函数的两种关系 $\sin\alpha = \sin\beta$ 和 $\cos\alpha = \cos\beta$ 对应的角 α 与角 β 的关系.

片断 3：由 C 同学分享, C 同学选取的题目、考点和推荐理由如下.

题目：求值 $\sin 50°\left(1 + \sqrt{3}\tan 10°\right)$.

考点：三角恒等变换、诱导公式、二倍角公式、合一公式和三角恒等式 $\sin^2\alpha + \cos^2\alpha = 1$.

推荐理由：考查公式全面.

学生 C 一步步分析了这道题求解过程中的恒等变换.

设计意图：这道题考查了三角恒等变换, 三角恒等变换的关键思想是消元, 切化弦是消元, 减少变量角也是消元. 引导学生认识到问题的本质, 找到解决问题的正确方向.

片断 4：由 D 同学分享, D 同学选取的题目、考点和推荐理由如下.

题目：若 $\sin\left(\dfrac{\pi}{6} - \alpha\right) = \dfrac{1}{3}$, 则 $\cos\left(\dfrac{2\pi}{3} + 2\alpha\right) = $ _____.

考点：二倍角公式与诱导公式.

推荐理由：配凑角求三角函数值是一个难点, 常常让人琢摸不定.

学生 D 分析了配凑角的方法.

设计意图：角的配凑对学生而言是难点. 解决问题的关键是用已知角和特殊角表示要求的角. 引导学生观察已知角和要求角之间的关系, 找到搭建它们的关系的桥梁, 并和学生一道总结常见的角的配凑形式.

片断 5：由 E 同学分享, E 同学选取的题目、考点和推荐理由如下.

题目：已知 $\triangle ABC$ 的三个内角分别为 A, B, C, 且分别满足 $2\sin^2(A+C) = \sqrt{3}\sin 2B$ 和 $4\sin^2\dfrac{B+C}{2} - \cos 2A = \dfrac{7}{2}$, 试判断 $\triangle ABC$ 的形状.

考点：二倍角公式、合一公式、诱导公式.

推荐理由：综合考查三角函数的应用.

学生 E 逐步分析问题的解决方法. 因为该题题目相对复杂, 学生口述解题步骤, 教师在黑板上一步步跟着学生的口述写过程.

设计意图：结合实际问题, 综合考查三角函数各公式的应用. 引导学生应用三角函数的工具解决解三角形的实际问题.

片断6：由 F 同学的原创题，题目、考点和推荐理由如下.

题目：已知函数 $f(x) = 4\sin^2\left(\dfrac{\pi}{4} + \dfrac{x}{2}\right)\sin x + (\cos x + \sin x)(\cos x - \sin x) - 1$.

（1）化简 $f(x)$ 并求出 $f(x)$ 的最小正周期；

（2）若函数 $g(x) = \dfrac{1}{2}\left[f(2x) + af(x) - af\left(\dfrac{\pi}{2} - x\right) - a\right] - 1$ 在 $\left[-\dfrac{\pi}{4}, \dfrac{\pi}{2}\right]$ 上的最大值为 2，求实数 a 的值.

（3）若函数 $y = f(\omega x)$ 在区间 $\left[-\dfrac{\pi}{6}, \dfrac{2\pi}{3}\right]$ 上是增函数，求 ω 的取值范围.

考点：①三角恒等变换，求函数周期；②换元，分类讨论的思想；③正弦型函数单调性约束的 ω 的取值范围.

推荐理由：难题、考查必修一与必修四知识点相结合的综合问题.

学生 F：这道题原创的过程，就是把我想考查的知识点和题型进行了混编. 解决问题的过程就是一步步拆分知识点并各个击破的过程.

设计意图：这道题综合考查了三角函数的化简和正弦型函数 $y = A\sin(\omega x + \varphi) + b$ 的函数图像和性质. 学生分析对题目原创的思路，体现了学生对知识与方法的深刻理解. 借助这道题回顾正弦型函数的周期性、单调性、对称性、奇偶性、给定区间求值问题的求解方法.

三、复习效能分析

这是一节数学活动课，学生的自主准备的过程就是自我提出问题、分析问题和解决问题的过程. 教师根据学生收集的好题，结合本章知识点的生成顺序，设计了整节课活动的目标、活动的顺序以及活动过程中的知识梳理等. 借助学生分享的好题，课堂从不同角度、不同层次、不同要求对教学功能进行精准定位，并把相关的数学知识、数学思想和数学方法贯穿在一起，使其融会贯通. 通过学生的自我分析，对数学知识的自我组织，对数学思想的领悟，对数学活动经验的积累，培养学生思维的深刻性，优化学生的数学思维品质，完善知识系统和思维系统，使学生真正地有所发现、有所感悟、有所提高.

四、从"四基""四能"的角度进行维度思考

维度一：知识导图有利于知识单元化结构的形成，有利于促进学生深刻理解数学基础知识、基本技能和基本数学思想.

高中数学课程要求强调：优化课程结构、突出主线、精选内容．复习课搭建知识导图，就是突出该章节知识主线的过程，有利于学生的知识网络化、结构化．知识单元化结构的形成，对帮助学生理解基础知识、基本技能和基本数学思想，发现知识与知识之间的联系，综合应用知识等方面有很大的促进作用．

维度二：学生自主选题，就是一次学生发现问题、分析问题和解决问题的过程．

传统的复习课，一般都是教师选择复习内容，然后学生训练，最后由教师讲解．内容做不到个性化，欠缺针对性．学生选题讲题，选的肯定是对学生有触动的题，可能是知识上，也可能是方法上，还可能是解题思想上．从学生对题目的知识点分析和推荐理由可以发现，学生在这个过程中已经历了发现问题、提出问题以及分析问题的过程，已经深刻理解了自己选择的好题．分享的过程，就是再呈现一次解决问题的过程．这个过程充分体现了学生的自主学习，是学生用数学的眼光观察世界，用数学的思维思考世界，用数学的语言表达世界的过程．发现和提出问题是创新的基础，实践创新是学生发展核心素养框架中的六大素养之一．而本节课借助数学活动创造机会给学生发现和提出问题，分析和解决问题，在能力培养的层次上做了"全程化"的要求，是一节很有价值的活动课，有利于增强学生的数学学习兴趣，提高学生的数学学习水平．

维度三：这是一节数学活动课，学生分享讲题的过程，是学生基本活动经验的积累过程，有利于学生孕育素养，形成智慧，进行创新．

本节课是学生亲身经历数学活动过程的活动课，在活动的过程中，学生是自觉主动的行为者，是在数学实践活动中"做数学"．学生获得去思考、去探索、去抽象、去推理、去发现结论的经验，学到丰富的过程性知识，最终形成应用数学的意识，是直接的活动经验，有利于学生日后在各种问题的解决中，更懂得自己去寻找方法，更自信地去解决问题．

维度四：学生自主参与的数学活动课，有利于学生提升兴趣，增强自信，有利于培养学生善于思考、严谨求实的科学精神．

乐学、善学作为促进学生学会学习的重点，这一目标直接指向核心素养的提高．学生在选题的过程中已经充分调动了学习的积极性．每个学生分享讲题的过程，是对该讲题学生的一次极大鼓舞，也是对听众学生的一次挑战，激起了他们的斗志与求知欲．像片断 5 中，学生 E 分享的过程，思维缜密、妙语连珠，教师充当安静的黑板写手，课堂不断爆发出阵阵的掌声．像片断 6 中，学生 F 分享的这道原创题，他呈现题目的时候下面就有同学惊叹：哇，这么复杂．然后一群人开始跃跃欲试，一定要试试自己能否解得出来，瞬间激发了满满的求知欲．

这是一节基于"四基"和"四能"的数学活动课，是一次有效的数学尝试．在具体的数学课堂教学中，"四基"和"四能"应该显化为每一堂课的具体目标，并在课堂教学中真正落实．期待在核心素养的指挥棒下，我们在课堂教学中有更多的创新，探索和形成更多有利于提升学生核心素养，有利于学生成长的有效课堂．

参考文献：

［1］中华人民共和国教育部制订．普通高中数学课程标准（2017 年版）［M］．北京：人民教育出版社．2018.

［2］史中宁．王尚志．普通高中数学课程标准（2017 版）解读［M］．北京：人民教育出版社．2018.

［3］浦叙德．"四能"视角下"勾股定理"解读与设计［J］．中学数学教学参考（中旬）．2019，5

［4］俞昕．高中数学活动课的研究综述［J］．中学数学杂志．2010，1.

［5］戴昌龙．复习课需要关注"四基""四能"［J］．数学教学通讯（中旬）．2016，9

基于弗赖登塔尔教育理论的高中数学概念课的教学探究

——以"双曲线的定义"为例

广东省广州市铁一中学番禺校区　　陈　亮

一、问题的提出

教育部颁布的 2017 年版《普通高中数学课程标准》中明确指出:"教学中要加强对基本概念和基本思想的理解与掌握,对概念的教学要贯穿课堂始终,使学生经历概念的产生和发展的全过程."[1]高中数学概念的教学是教学中的一个重点和难点,作为教师,要时刻关注如何能够使学生更好地理解与运用数学概念,因此长期以来"在课堂上如何进行数学概念的教学"成为数学课堂教学中探索的重要课题与方向.与此同时,在传统的数学概念课的课堂中也会出现一些与新课程标准所倡导的教育理念相违背的现象,例如在教学设计中忽视学生已有的知识经验,前后知识之间跨度较大导致知识关联断层,从而使得学生对有关数学新知的活动产生潜在的排斥甚至抵触情绪,缺少积极主动的学习动力,数学思维得不到发散,课堂数学活动也变得肤浅.基于上述问题,本文尝试以弗赖登塔尔的教育理论(下称"弗氏教育理论")为基础,对高中数学概念课的教学进行探索,并以《双曲线的定义》新授课为例探究如何以弗氏教育理论为基础进行教学设计以开展高中数学概念课的教学.

二、弗赖登塔尔教育理论概述

我国著名学者张奠宙教授将弗氏数学教育理论归结为三个特征:"数学现实""数学化"以及"再创造".其中,"数学现实"指的是学生已有的反映客观世界的各种数学概念、运算方法和规律的数学知识结构;无论是数学的概念,还是数学的运算与规则，都是由于现实世界的实际需要而形成的．数学教育如果脱离了那些丰富多采而又错综复杂的背景材料，就将成为"无源之水，无本之木"，为此，弗赖登塔尔坚持主张，数学教育体系的内容应该是与现实密切联系的数学，能够在实际中得到应用的数学，即"现实的数学"．

"数学化"是数学活动的目的和手段，它的具体含义是指人们运用数学的方法观察现实世界，分析研究各种具体现象，并加以组织整理，这个过程就是数学化．弗赖登塔尔认为：与其说是学习数学，还不如说是学习"数学化"；与其说是学习公理系统，还不如说是学习"公理化"；与其说是学习形式体系，还不如说是学习"形式化"．具体来说，现实数学教育所说的数学化分为两个层次：水平数学化和垂直数学化．水平数学化是指由现实问题到数学问题的转化，是从"生活"到"符号"的转化；垂直数学化是从具体问题到抽象概念的转化，是从"符号"到"概念"的转化．

"再创造"是弗氏数学教育理论最核心的部分，它是建立在数学是人类的一种活动的观点之上的．它强调学习数学唯一正确的方法是实行再创造，教师的任务是引导和帮助学生去进行这种再创造的工作，而不是把现成的知识灌输给学生．因此再创造是数学活动（数学活动以互动交流为策略和平台，以反思为闭路反馈）的路径与核心．[2]学生通过对数学现实的水平和垂直数学化，数学知识的再创造，数学活动的互动交流与反思最终形成新的数学现实．[3]

三、《双曲线的定义》新授课教学探究

1. 尊重学生数学现实，创新课前引入环节

弗赖登塔尔认为："数学教学应以学习者原有的数学现实为基础，摆脱孤立的片段从而达到学得快记得牢的目的．"[4]因此，在本节课的新知部分开始引入之前，可以从上节课（椭圆定义及其标准方程）与本节课新旧知识的衔接点入手，在学生原有的认知结构的基础上引入新知识，引导学生全面、开放地参与教师创设的数学活动．

复习回顾：

问题1：已知圆 C_1：$(x+2)^2+y^2=4$，圆 C_2：$(x-2)^2+y^2=49$，动圆 M 与 C_1 外切且与 C_2 内切，求动圆圆心 M 的轨迹方程．

解析：依题意圆 C_1，C_2 的圆心为 C_1（-2，0），C_2（2，0），设其半径分别为 $r_1=2$，$r_2=7$，设动圆 M 的半径为 r，则圆心 M 到点 C_1，C_2 的距离分别为：

$|MC_1| = r + r_1$, $|MC_2| = r_2 - r$, $\therefore |MC_1| + |MC_2| = r_1 + r_2 = 9$. 即动点 M 到两个定点 C_1，C_2 的距离之和为定值（且大于 $|C_1C_2| = 4$），故动点 M 的轨迹为椭圆.

结论 1：动点 M 的轨迹方程：$\dfrac{4x^2}{81} +$

$\dfrac{4y^2}{65} = 1$.（教师利用几何画板演示动点 M 的轨迹图像）

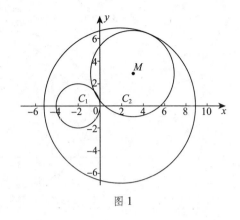

图 1

设计意图： 弗氏教育理论认为数学教育的任务就在于根据学生已有的"数学现实"（学生已经获取了椭圆的定义及其标准方程等数学知识）采取相应方法进行丰富和拓展，从而提高学生所拥有的"数学现实"的程度并扩充其范围. 因此通过设计动点所满足的几何关系来求动点的轨迹方程，既复习了椭圆的（第一）定义及其标准方程，也是对学生已经习得的数学概念知识的一种拓展与应用，不但提升了学生对已学知识的认知水平，也为引入新知使学生获取新的"数学现实"做好方法上的铺垫.

2. 以问题探究活动为桥梁，创设学生再创造的契机

弗赖登塔尔提出："数学教学不是机械重复历史中的原始创造，而是要抓住再创造这一核心，通过学习者的思维活动再创造相关的数学知识."[5] 基于此，教师在进行新知引入环节的教学设计或情境创设时要重视概念形成（知识发生）的过程，引导学生以（数学）活动促思维，通过观察问题、数学化思考、探索规律、得出结论、发掘本质，从而经历数学思维与应用过程，并通过该过程让学生的思维形成创新性的突破、重组和再创造，并建构起新的数学知识结构（概念）.

（1）创设情境，引入新知

问题 2： 已知圆 C_1：$(x+3)^2 + y^2 = 4$，圆 C_2：$(x-3)^2 + y^2 = 1$，动圆 M 与 C_1 内切且与 C_2 外切，求动圆圆心 M 的轨迹方程.

解析： 依题意，圆 C_1，C_2 的圆心为 $C_1(-3,0)$，$C_2(3,0)$，设其半径分别为 $r_1 = 2$，$r_2 = 1$，设动圆 M 的半径为 r，则圆心 M 到点 C_1，C_2 的距离分别为：$|MC_1| = r - r_1$，$|MC_2| = r_2 + r$，$\therefore |MC_1| + |MC_2| = 2r + r_2 - r_1$ 非定值，故此时动点 M 的轨迹不是椭圆.（创设基于学生已有"数学现实"和知识的认知冲突，为进一步探究做准备）

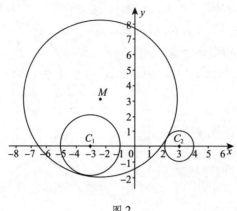

图 2

追问：我们进一步看到此时 $|MC_2| - |MC_1| = r_1 + r_2 = 3$，即动点 M 到两个定点 C_1，C_2 的距离之差（$|MC_2| > |MC_1|$）为定值，那么此时点 M 的轨迹是什么呢？

结论 2：（教师引导学生思考并利用几何画板演示动点 M 的轨迹图像）动点 M 的轨迹为一条相对更靠近点 C_1 的关于 x 轴对称的曲线.

问题 3：将问题 2 中的条件改为"动圆 M 与 C_1 外切且与 C_2 内切"，其余条件不变，求动圆圆心 M 的轨迹方程.

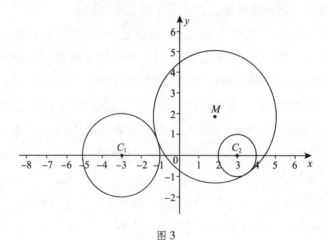

图 3

解析：圆心 M 到点 C_1，C_2 的距离分别为：$|MC_1| = r + r_1$，$|MC_2| = r - r_2$. $|MC_1| - |MC_2| = r_1 + r_2 = 3$，即动点 M 到两个定点 C_1，C_2 的距离之差（$|MC_1| > |MC_2|$）为定值，那么此时点 M 的轨迹又是什么呢？是否为与问题 2 相同的一条曲线？

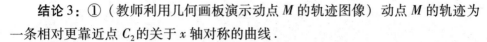

结论3：①（教师利用几何画板演示点 M 的轨迹图像）动点 M 的轨迹为一条相对更靠近点 C_2 的关于 x 轴对称的曲线.

②问题2与问题3中的两条曲线关于 y 轴和原点 O 对称——我们把这样的曲线称为"双曲线".

设计意图：根据弗氏数学教育理论关于"垂直数学化"的定义——"对同一类数学问题模型进行加强、调整与完善以致形成一个新的数学概念."在问题1的基础上通过改变相关几何条件继续探究动点的轨迹方程，并继续通过圆的几何性质引导学生通过类比椭圆的定义去探究"到两个定点的距离之差为定值的动点的轨迹是什么曲线？"同时借助于几何画板的动态演示使得学生在数学直观上初步认识到双曲线的定义，为下一步数学抽象出双曲线的概念做准备.学生也通过这样的问题探究活动体验到数学概念的形成过程，对定义的必要性和作用都会有更深的体会.

（2）数学抽象提炼，构建初步概念

问题4：结合问题2与问题3的结论，尝试通过总结归纳将两个结论合并为一个统一的结论.

结论4：动点 M 的轨迹满足到两个定点 C_1，C_2 的距离之差的绝对值（$\|MC_2\| - \|MC_1\| = 3$）为定值，此时点 M 的轨迹是双曲线.

问题5：类比椭圆的定义尝试概括双曲线的定义.

结论5：（学生提出，教师指导完善）①平面内与两个定点 F_1，F_2 的距离之差的绝对值等于常数（不为0）的点的轨迹是双曲线.

②（类比椭圆）这两个定点叫做双曲线的焦点，两焦点间的距离 $|F_1F_2|$ 叫做双曲线的焦距.

3. 构造迁移性认知结构，培养学生的反思习惯

弗氏教育理论提出："反思是数学活动中的重要一环，是数学活动的核心与动力."[6]《普通高中数学课程标准》（2017年版）要求教师在数学教学过程中要引导学生进行自我反思，并及时进行纠正总结，帮助学生意识到反思性学习的重要性和有效性.数学概念的发展具有层次性，学生只有经过进一步的思考、追问、反思与修正，才能真正深化和完善数学思维并抓住其本质.因此，教师需要在数学概念的疑难之处进行梯度合理的问题设计并对学生加以指导点拨，让学生反思数学概念形成的过程和发展并抽象出有关的数学原理和规律.

概念深入及完善.（教师通过设问引导学生反思、剖析双曲线的定义）

问题 6：类比椭圆定义，设结论 5 中的常数为 $2a$，则

（1）在双曲线中，$2a$ 与双曲线的焦距 $|F_1F_2|$ 的大小关系如何？

（2）当 $2a = |F_1F_2|$ 时，动点 M 的轨迹是什么？

（3）当 $2a > |F_1F_2|$ 时，动点 M 的轨迹又是什么？

解析：（1）当动点 M 与焦点 F_1，F_2 不共线时，由"三角形两边之差小于第三边"易得 $2a < |F_1F_2|$；当动点 M 与焦点 F_1，F_2 共线时，由于此时 $|MF_1| + |MF_2| = |F_1F_2|$，显然，此时也有 $2a < |F_1F_2|$ 成立．

（2）当 $\||MF_1| - |MF_2|\| = 2a = |F_1F_2|$ 时，动点 M 的轨迹是以 F_1，F_2 为起点的两条射线．

（3）当 $2a > F_1F_2$ 时，动点 M 的轨迹不存在．

问题 7：当 $\||MF_1| - |MF_2|\| = 0$ 时，动点 M 的轨迹又为什么？

结论 6：当常数 $a = 0$ 时，有 $|MF_1| = |MF_2|$ 恒成立，故此时动点 M 的轨迹是线段 F_1F_2 的垂直平分线．

双曲线的定义内涵：平面内与两个定点 F_1，F_2 的距离之差的绝对值等于常数（不为 0 且小于 $|F_1F_2|$）的点的轨迹称为双曲线．

设计意图：弗赖登塔尔在其《数学结构的教学现象学》一书中提出："反思是重要的思维活动，它是思维活动的动力与核心．"学生在初步获得了双曲线的定义之后，以已有的关于椭圆定义内涵的"数学现实"为参照，对双曲线的初步定义进行反思从而得到双曲线定义的内涵和准确表述．

四 、总结与展望

以上教学案例从弗氏数学教育理论出发，以求动点的轨迹方程的一系列问题为载体对《双曲线的定义》的新授课进行了探究．在此过程中，我们不难发现教师对于本节概念课的设计不但要有相关的理论依据，而且应在积累和筛选大量数学素材的基础上来设计层层递进的问题链，并注重增设一些开放性、探索性的问题情境为学生营造逐层深入的探究环境，通过问题的发现、表征、探究与解决来引导学生思考与加工，并抽象概括出数学概念．与此同时，本文关于《双曲线的定义》的教学设计效果还需要课堂实践的检验并进行进一步的改进，以使得弗氏教育理论能够更好地应用于高中数学概念课的教学并以此为基础，进一步地将弗氏数学教育理论应用于高中数学习题课、复习课等课型之中．

参考文献：

［1］中华人民共和国教育部．普通高中数学课程标准（2017 年版）．［Z］．人民教育出版社，2018.

［2］邓友祥．有效数学思考的内涵与特征及教学策略［J］．数学通报，2013（2）：9 – 10.

［3］邓友祥．数学活动的特质和有效教学策略［J］．课程．教材．教法，2009（8）：40 – 42.

［4］弗赖登塔尔．作为教育任务的数学［M］．陈昌平，唐瑞芬等译．上海：上海教育出版社，1995：111，45 – 46.

［5］张奠宙．数学教育学［M］．南昌：江西教育出版社，1991：194.

化圆法证椭圆中的一些结论

广东华南师范大学第二附属中学　曾玉婷

🔲 **作者简介**

曾玉婷，女，1994 年 8 月出生，广东佛山人，硕士学位，中学二级教师，主要研究方向为数学教育．

一、化圆法证明椭圆中的相交弦定理

椭圆中的相交弦定理：椭圆的两条弦满足相交弦定理的充要条件是两相交弦的斜率互为相反数．

证明：不妨设椭圆 E：$\dfrac{x^2}{a^2} + \dfrac{y^2}{b^2} = 1$（$a > b > 0$），设 l_1：$y = k_1 x + m$，l_2：$y = k_2 x + n$ 为椭圆的两条相交弦，且 l_1 与椭圆交于 A，B，l_2 与椭圆交于 C，D，$l_1 \cap l_2 = M$．

下证：当 $k_1 = -k_2$ 时，有 $|MA| \cdot |MB| = |MC| \cdot |MD|$．作拉伸变换 $\begin{cases} x' = x, \\ y' = \dfrac{a}{b} y, \end{cases}$ 则椭圆 E 可化为 $\odot E'$：$(x')^2 + (y')^2 = a^2$，直线 l_1 可化为直线 l_1'：$y' = \dfrac{a}{b} k_1 x' + m$，直线 l_2 可化为直线 l_2'：$y' = \dfrac{a}{b} k_2 x' + n$．

由设可知 $|MA| = \sqrt{1 + k_1^2} \, |x_M - x_A|$，$|MB| = \sqrt{1 + k_2^2} \, |x_M - x_B|$，

$|MA'| = \sqrt{1 + \left(\dfrac{a}{b}\right)^2 k_1^2} \, |x_M' - x_A'|$，$|MB'| = \sqrt{1 + \left(\dfrac{a}{b}\right)^2 k_2^2} \, |x_M' - x_B'|$．

则有 $|MA'| = \dfrac{\sqrt{1+k_1^2}}{\sqrt{1+\left(\dfrac{a}{b}\right)^2 k_1^2}}|MA|$，$|MB'| = \dfrac{\sqrt{1+k_1^2}}{\sqrt{1+\left(\dfrac{a}{b}\right)^2 k_1^2}}|MB|$，

同理有 $|MC'| = \dfrac{\sqrt{1+k_2^2}}{\sqrt{1+\left(\dfrac{a}{b}\right)^2 k_2^2}}|MC|$，$|MD'| = \dfrac{\sqrt{1+k_2^2}}{\sqrt{1+\left(\dfrac{a}{b}\right)^2 k_2^2}}|MD|$.

在 $\odot E'$ 中由相交弦定理，可得：$|MA'| \cdot |MB'| = |MC'| \cdot |MD'|$，即有

$$\dfrac{\sqrt{1+k_1^2}}{\sqrt{1+\left(\dfrac{a}{b}\right)^2 k_1^2}}|MA| \cdot \dfrac{\sqrt{1+k_1^2}}{\sqrt{1+\left(\dfrac{a}{b}\right)^2 k_1^2}}|MB| = \dfrac{\sqrt{1+k_2^2}}{\sqrt{1+\left(\dfrac{a}{b}\right)^2 k_2^2}}|MC| \cdot \dfrac{\sqrt{1+k_2^2}}{\sqrt{1+\left(\dfrac{a}{b}\right)^2 k_2^2}}|MD|,$$

要使 $|MA| \cdot |MB| = |MC| \cdot |MD|$，只需令 $\dfrac{1+k_1^2}{1+\left(\dfrac{a}{b}\right)^2 k_1^2} = \dfrac{1+k_2^2}{1+\left(\dfrac{a}{b}\right)^2 k_2^2}$.

整理，得：$\left[\left(\dfrac{a}{b}\right)^2 - 1\right](k_1^2 - k_2^2) = 0$，所以 $a = b$ 或 $k_1 = k_2$ 或 $k_1 = -k_2$.

当 $a = b$ 时，为圆的情况，当然有相交弦定理，

当 $k_1 = k_2$ 时，不满足相交弦的条件，

所以 $k_1 = -k_2$ 时，满足椭圆的相交弦定理.

二、化圆法证明椭圆中的练习题

练习 1：求椭圆 $\dfrac{x^2}{a^2} + \dfrac{y^2}{b^2} = 1$（$a > b > 0$）的内接三角形面积的最大

值.$\left(\text{答案为} \dfrac{3\sqrt{3}}{4}ab\right)$

练习 2：求椭圆 $\dfrac{x^2}{a^2} + \dfrac{y^2}{b^2} = 1$（$a > b > 0$）的内接四边形面积的最大值.（答案

为 πab）

三、推广定理

从相交弦定理的证法可以推出椭圆中的切割线定理、切线长定理、割线定理.

（1）椭圆的切割线定理：椭圆的切线和割线满足切割线定理的充要条件是两线的斜率互为相反数.

（2）椭圆的切线定理：椭圆两切线满足切线长定理的充要条件是两切线的斜率互为相反数.

（3）椭圆的割线定理：椭圆两割线满足切线长定理的充要条件是两割线的斜率互为相反数.

由于化圆法的局限性，本文的证法未能证明其他圆锥曲线的相关问题，但化圆法用在此处体现了化椭为圆的妙处.

参考文献：

［1］孙鋆.圆锥曲线的统一性质——"相交弦定理"的简证［J］.中学教研（数学），2009（1）：26-26.

［2］王顺耿.再论圆锥曲线"相交弦定理"的探索［J］.数学教学，2008（7）：31-31.

［3］郭建军.课本中一道例题引发的探究性学习案例——圆的相交弦定理在圆锥曲线中的延伸与拓展［J］.数学教学研究，2013，32（3）：23-23.

例谈直观感知与推理论证

——对一道错题的更正与探究

广东省深圳市高级中学　平光宇　谭业静

教育部《高中数学课程标准》（2017 版）[1]讲到数学学科的六大核心素养中有两大素养分别是直观想象和逻辑推理[1]．它们的关系可以说是相辅相成，不可分割，是一个有机整体．

立体几何是培养空间想象能力的主要载体，同时也是培养逻辑推理等能力的重要载体[2]．在中学数学解题过程中，我们常常根据直观感知启发思路，寻找解题途径．但对于复杂的空间图形，这种"直观感知"甚至"以图代证"[3]往往"不够深刻"，变成了"主观臆断"，常会导致错误的结论，这就需要基于已知条件和客观事实的推理论证才能纠正或者避免错误，得出真理．这种"信念"不是一天两天建立起来的，而是要经过大是大非的反复考验才能逐步建立起来．另一方面，在教师教学和各类考试中偶尔出现错误也是在所难免的，发现和纠正这些错误往往也是将错就错引导学生进行问题探究，培养"直观感知＋推理论证"能力的绝好机会，并且能够潜移默化地培养学生大胆质疑和批判性思维的科学精神．下面笔者就一道典型的"错题"谈谈自己带领学生大胆质疑、利用数学软件构造动态图形观察并度量、计算，得出猜想，进而再另辟蹊径，给出书面解答的探究过程和收获．

一、大胆质疑，提出问题

高三的一次模拟考试中遇到下面的问题：

如图 1，正四面体（所有棱长都相等）$D-ABC$ 中，动点 P 在平面 BCD 上，且满足 $\angle PAD=30°$，若点 P 在平面 ABC 上的射影为 P'，则 $\sin\angle P'AB$ 的最大值为（　　）

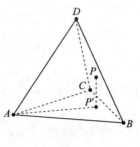

图1

A. $\dfrac{2\sqrt{7}}{7}$　　　B. $\dfrac{\sqrt{6}-\sqrt{2}}{4}$　　　C. $\dfrac{\sqrt{3}}{2}$　　　D. $\dfrac{1}{2}$

命题人给出的解答如下：

解： 如图2，由题意可知：当点 P 取线段 CD 的中点时，可得到 $\angle P'AB$ 最大，并且得到 $\sin\angle P'AB$ 的最大值.

过 D 作 $DO\perp$ 平面 ABC 于点 O，则点 O 是等边 $\triangle ABC$ 的中心，连接 CO 并延长，与 AB 相交于点 M，则 $CM\perp AB$，且点 M 是 AB 的中点.经过点 P 作 $PP'\perp CO$，垂足为点 P'，则 $PP'\perp$ 平面 ABC，则点 P' 为点 P 在平面 ABC 内的射影，且点 P' 为 CO 的中点.

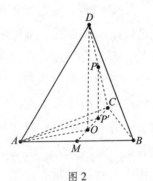

图2

不妨取 $AB=2$，则 $MP'=\dfrac{2}{3}\sqrt{3}$，所以 $AP'=\sqrt{1^2+\left(\dfrac{2\sqrt{3}}{3}\right)^2}=\dfrac{\sqrt{21}}{3}$，

所以 $\sin\angle P'AM=\dfrac{\dfrac{2\sqrt{3}}{3}}{\dfrac{\sqrt{21}}{3}}=\dfrac{2\sqrt{7}}{7}$，故选 A.

刚对照完参考解答，就有学生跑来问笔者：老师，这道题是不是错了？"动

点 P 在平面 BCD 内"并不是"动点 P 在 $\triangle BCD$ 内（包括边界）"呀，点 P 是可以在 $\triangle BCD$ 之外的. 所以，点 P 在 CD 的中点时显然不合要求呀. 答案 C 感觉也不对，答案 B 和 D 显然错误. 所以，我觉得此题没有正确答案.

是的，这是一个明显的错误. 显然，命题者是把"动点 P 在 $\triangle BCD$ 内（包括边界）"误写成"动点 P 在平面 BCD 上". 于是笔者在讲评本题时提示学生把原条件改为"动点 P 在 $\triangle BCD$ 内（包括边界）"，答案无需改变，解答完全正确.

想不到另一位一向喜欢独立思考，爱提问题的同学这次又提出了问题：如果条件不改，那么答案是什么？我意识到这是一个显然不能马上回答的很有分量的问题，于是说道：这是一个好问题，大家一起探讨一下，明天上课再讨论.

二、以图代证，直觉想象

第二天一上课，就有一位数学成绩很优秀的同学拿出了自己的作法：

解法 2：如图 3，设 $AB=2\sqrt{3}$，点 O 是 $\triangle ABC$ 的中心，由条件可知，点 P 在平面 BCD 内运动并保持 $\angle PAD=30°$，则当 $DP /\!/ BC$ 且与 BC 同向时，$\angle P'AB$ 最大.

此时，$OP'=DP=AD \cdot \tan 30°=$

$2\sqrt{3} \cdot \dfrac{\sqrt{3}}{3}=2$，而 $AO=2\sqrt{3} \cdot \dfrac{\sqrt{3}}{3}=2$，

所以 $\angle OAP'=45°$，故 $\angle BAP'=75°$，

故当点 P 变动时，$0° \leqslant \angle BAP' \leqslant 75°$，

所以，$\sin \angle BAP'$ 的最大值是 $\sin 75°=\dfrac{\sqrt{6}+\sqrt{2}}{4}$.

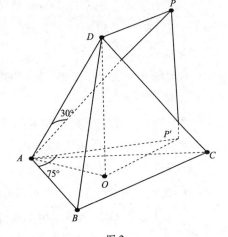

图 3

于是可将明显不正确的选项 D 改为 $\dfrac{\sqrt{6}+\sqrt{2}}{4}$.

我一看，这个解法很好，体现了很强的空间想象能力和运算能力，于是拍手叫好，同学们也报以热烈的掌声.

掌声过后，班上一向以思维严谨著称的"学霸"提出了不同意见："当 DP

平行于 BC 且与 BC 方向一致时，$\angle BAP'$ 最大"只是几何直观，或者叫直观想象，感觉这一结论缺乏理论依据．是呀，"可知"真的"如此"吗？能给出逻辑证明吗？这一下把我和全班同学都问懵了，我问该同学道：你有其他的解法吗？答曰没有，只是觉得该解法缺乏依据不严谨．于是我说道：那就请同学们课下继续研究，尤其是"利用数学软件探究数学问题小组"（以下简称探究小组）的同学要好好研究一下．

三、动用软件，再探究竟

几天之后，探究小组的同学提供了初步的探究成果：

1. 构造动态图形

首先，点 P 的轨迹就是用平面 BCD 截以点 A 为顶点，AD 为轴，轴截面顶角是 $60°$ 的圆锥面所得的截线，是一个椭圆．

椭圆在平面上的正投影也是椭圆（或者圆），所以点 P' 的轨迹也是椭圆．这两个结论都是可以证明的．

基于以上的分析，我们可以用数学软件构造动态图形．

第一步：如图 4，在数学软件上画出射线 AP（点 P 在平面 BCD 内，且满足 $\angle PAD = 30°$）的轨迹（圆锥面）与平面

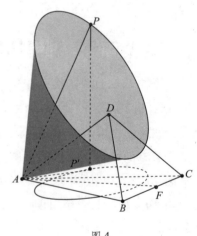

图 4

BCD 的交线（椭圆），点 P 是可以在椭圆上任意移动的．

第二步：作 $PP' \perp$ 平面 ABC，垂足是点 P'，构造点 P' 的轨迹（也是椭圆）．

所以，"$\angle BAP'$ 最大"的判断标准是：当 AP' 与点 P' 的轨迹（椭圆）相切并且点 P' 与点 B 在直线 AF（设点 F 是线段 BC 的中点，则直线 AF 是椭圆的一条对称轴）的异侧时，$\angle BAP'$ 最大．当然，此时它的正弦值是不是最大还不一定，还要看该角是钝角还是锐角或者直角．

2. 度量角度范围

第三步：度量 $\angle BAP'$ 的度数．拖动点 P，则射影 P' 随之变动，$\angle BAP'$ 的大小也随之变动，发现 $\angle BAP'$ 取 $90°$ 是最大值，并且当 $\angle BAP' = 90°$ 时，AP' 恰与点 P' 的轨迹（椭圆）相切．试验结果：$\sin\angle BAP'$ 的最大值是 $\sin 90° = 1$．

但是，软件演示实验只是得出了猜想，却不能代替解答过程，直接按照上

面的试验程序进行书面解答将异常复杂（读者可以尝试解答体会一下）.

那么新的问题又来了，如何理论证明以上试验的结果？我和同学们又都陷入了"痛苦"的思考和探究之中.

四、另辟蹊径，寻求解答

两周之后，探究小组把问题进行了等价变形，也就是从解答的角度对上面的试验程序进行了改进，并且在解答的最后几步还用到了解析几何的手段才使得问题得以解决. 解答过程如下：

解法 3：如图 5，设 $AB = 2\sqrt{3}$，分别取 AD，BC 的中点 E，F，连接 BE，CE，则 $BE \perp AD$，$CE \perp AD$，所以，$AD \perp$ 平面 BCE，设 AP 交平面 BCE 于点 M，则当点 P 在平面 BCD 内运动并保持 $\angle PAD = 30°$ 时，点 M 的轨迹是平面 BCE 内以点 E 为圆心，半径等于 $AE \cdot \tan 30° = 1$ 的圆（AM 的轨迹就是以点 A 为顶点，以圆 E 为底面的圆锥面），设点 M 在平面 ABC 内的射影是点 M'，则点 M' 在线段 AP' 上，于是射线 AM' 与射线 AP' 重合，问题等价转化为求 $\sin\angle BAM'$ 的最大值.

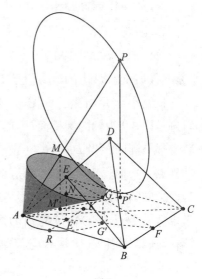

图 5

因为点 M 的轨迹是圆 E，所以点 M' 的轨迹是椭圆 E'（圆在与其所在平面不平行的平面上的正投影是椭圆）.

连接 AF，EF，设线段 EF 与圆 E 交于点 G，则 $EG = 1$，分别过点 E，G 作 AF 的垂线，垂足分别是 E'，G'，作 $GN \perp EE'$ 于点 N，

则椭圆 E' 的长半轴 $E'K = 1$，

短半轴 $E'G' = GN = EG \cdot \sin\angle GEN$

$= EG \cdot \sin\angle EAF = 1 \cdot \dfrac{\sqrt{6}}{3} = \dfrac{\sqrt{6}}{3}$.

如图 6，以点 E' 为原点，$E'F$ 为 x 轴，在平面 ABC 内建立平面直角坐标系，因为

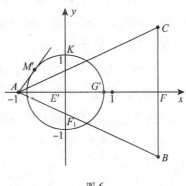

图 6

$AE' = AE \cdot \cos \angle EAE' = \sqrt{3} \cdot \dfrac{\sqrt{3}}{3} = 1$，则点 A（-1，0），且椭圆 E'的方程是

$$\frac{3x^2}{2} + y^2 = 1.$$

设直线 AM'的方程是 $y = k$（$x + 1$），代入椭圆方程，整理可得

$$(2k^2 + 3)\ x^2 + 4k^2x + 2k^2 - 2 = 0,$$

因为以上关于 x 的方程有实数解，所以

$(4k^2)^2 - 4\ (2k^2 + 3)\ (2k^2 - 2)\ \geqslant 0$，解得 $-\sqrt{3} \leqslant k \leqslant \sqrt{3}$，

所以，AM'与椭圆相切并在椭圆上侧时，

$k = \tan \angle FAM' = \sqrt{3}$，$\angle FAM' = 60°$，$\angle BAM' = 90°$.

故 $0° \leqslant \angle BAM' \leqslant 90°$，

所以 $\sin \angle BAM'$ 的最大值是 1.

探究小组并指出：如图 7，射线 AP 的
轨迹是以 AD 为轴的圆锥面，点 P 和点 P' 的
轨迹都是椭圆，当 $DP /\!/ BC$（设这时点 P 运
动到点 R）时，点 P'（也就是点 R'）并不
是射影椭圆的长轴端点 N'. 因为线段 DR 本
来也就不是点 P 的轨迹椭圆的短半轴（注
意：该椭圆的中心 O 并不是点 D，也就是说
中心 O 不在圆锥面的轴线 AD 上），而线段
ON 才是椭圆的短半轴. 而且 $\angle BAN'$ 也仍然
不是最大角，因为直线 AN' 显然与射影椭圆
不相切. 这是一些非常细节的问题，如果不
是把空间图形准确、动态演示出来，是很难
想象出来的. 因此也就产生了错误的直观想
象，前面解法 2 的错误正在于此.

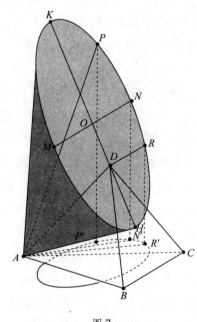

图 7

最后，探究小组把原题改编为：

已知正四面体（所有棱长都相等）$D - ABC$ 中，动点 P 在平面 BCD 内，且
满足 $\angle PAD = 30°$，若点 P 在平面 ABC 上的射影为 P'，则 $\sin \angle BAP'$ 的最大值为
（　　）

A. 1　　　　B. $\dfrac{\sqrt{6} + \sqrt{2}}{4}$　　　　C. $\dfrac{2\sqrt{7}}{7}$　　　　D. $\dfrac{\sqrt{3}}{2}$

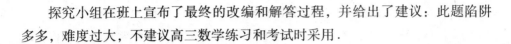

探究小组在班上宣布了最终的改编和解答过程，并给出了建议：此题陷阱多多，难度过大，不建议高三数学练习和考试时采用.

五、梦中奇招，震惊全班

就在"错题风波"过去了很久之后，有一天，班上的学习委员在上课前跟笔者说：老师，我在整理笔记的时候看到这道题，总觉得探究小组给出的解法太过麻烦，晚上睡觉的时候也在想，到底有没有更直接更简单的方法？结果在梦中突然想到了一个特别简单的方法，昨天把解法整理了出来，您看行吗？

我一看，果然是奇思妙想，直接让他在课堂上向全班宣读，学习委员用数学软件展示出图形，寥寥数语就讲解完了解法.同学们一时竟回不过神来，过了几秒钟，教室里响起了热烈的掌声.

解法 4：当点 P 运动到 BD 的延长线上时，$\angle BAP = 60° + 30° = 90°$，

又 $PP' \perp$ 平面 ABC，所以，$AB \perp AP'$，即 $\angle BAP' = 90°$.

既然 $\angle BAP'$ 可以取到 $90°$，那么 $(\sin \angle BAP')_{\max} = 1$. 证毕.

说明：本解答没有证明 $\angle BAP'$ 的最大值是 $90°$. 本题也不需要证明此结论.

六、结束语

至此，对于一道错题的探究终于宣告结束.同学们纷纷表示得到了一次直观想象与推理论证相辅相成的极好的思维训练.真是太神奇了！简直就是一场精神大餐！

本题的探究过程用到了数形结合思想、转化与化归思想，涉及到空间线面关系、平面截圆锥面的性质、椭圆和圆在平面内的正投影的性质、空间轨迹、在空间图形中选择平面建立平面直角坐标系求椭圆切线的斜率等知识，跨度大、综合性强，也有同学用到了"顿悟、猜想与论证".

直观想象与推理论证是高中数学六大核心素养的重要组成部分[4]，是数学发展的两翼，是对立的统一体，在数学探究过程中，人的这两种能力是相互支撑，相互配合，盘旋上升的.人们在不断地证伪与证实之间矫正和提升自己的直观想象能力，同时也在不断地检验直观想象结论的对错之间提高了自己的推理论证能力.

参考文献：

[1] 中华人民共和国教育部.高中数学课程标准（2017 年版）[M].北

京：人民教育出版社，2017：6.

［2］陈德燕．数学核心素养下的立体几何教学［J］．数学通报，2017，2：
36－38.

［3］严亚强．从直觉思维看"以图代证"的是与非［J］．数学通报，
2017，9：35－37.

［4］李尚志．核心素养渗透数学课程教学［J］．数学通报，2018，2：
1－14.

2019 年深圳一模圆锥曲线问题的思考与推广

深圳市蛇口育才教育集团育才中学　周　阳

作者简介

周阳，男，1985 年 8 月 8 日出生，籍贯山东，硕士学位，中学一级教师.

一、问题及其证明

在 2019 年 2 月进行的深圳市第一次高考模拟理科数学考试中，第 19 题是一道与圆锥曲线相关的题目，题目及解答如下.

问题： 如图 1 所示，在平面直角坐标系 xOy 中，椭圆 C 的中心在坐标原点 O，其右焦点为 F $(1，0)$，且点 $\left(1，\dfrac{3}{2}\right)$ 在椭圆 C 上.

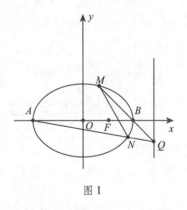

图 1

（1）求椭圆 C 的方程；

（2）设椭圆 C 左、右顶点分别为点 A，B，点 M 是椭圆上异于点 A，B 的任意点，直线 MF 交椭圆 C 于另一点 N，直线 MB 交直线 $x=4$ 于点 Q，求证：A，N，Q 三点共线.

解： 易知（1）问椭圆 C 的方程为 $\dfrac{x^2}{4}+\dfrac{y^2}{3}=1$，本文着重解决第（2）问，其证明如下：

设 $M\,(x_1，y_1)$，$N\,(x_2，y_2)$，直线 MN：$x=my+1$.

联立椭圆与直线方程 $\begin{cases}\dfrac{x^2}{4}+\dfrac{y^2}{3}=1，\\ x=my+1，\end{cases}$ 消去 x 得 $(3m^2+4)\,y^2+6my-9=0$，

85

$$\therefore y_1 + y_2 = -\frac{6m}{3m^2+4}, \quad y_1 \cdot y_2 = -\frac{9}{3m^2+4},$$

直线 MB：$y = \frac{y_1}{x_1-2}(x-2)$，与直线 $x=4$ 联立解得 $Q\left(4, \frac{2y_1}{x_1-2}\right)$，

$$\therefore \overrightarrow{AN} = (x_2+2, \ y_2), \quad \overrightarrow{AQ} = \left(6, \ \frac{2y_1}{x_1-2}\right).$$

欲证 A，N，Q 三点共线，只需证 $\overrightarrow{AN}$ 与 $\overrightarrow{AQ}$ 平行，而

$$6y_2 - (x_2+2) \cdot \frac{2y_1}{x_1-2} = \frac{6y_2 \cdot (x_1-2) - 2y_1 \cdot (x_2+2)}{x_1-2}$$

$$= \frac{6y_2 \cdot (my_1+1-2) - 2y_1 \cdot (my_2+1+2)}{my_1-1}$$

$$= \frac{4m\,y_1 y_2 - 6\,(y_1+y_2)}{my_1-1}$$

$$= \frac{4m \cdot \left(-\frac{9}{3m^2+4}\right) - 6 \cdot \left(-\frac{6m}{3m^2+4}\right)}{my_1-1}$$

$$= 0,$$

又 $\overrightarrow{AN}$ 与 $\overrightarrow{AQ}$ 有公共点 A，所以 A，N，Q 三点共线．

二、问题的延伸思考

解完之后再来一个回头看，发现有一些"巧合"之处，由于椭圆 C 的长半轴为 $a=2$，半焦距为 $c=1$，所以直线 $x=4$ 正好就是椭圆 C 的右准线 $x=\frac{a^2}{c}=4$，而点 F 正好就是椭圆的右焦点．那么，是不是所有过右焦点的直线和右准线都有题目中描述的结构呢？经过研究，确定这个结论是正确的，于是得到：

推广1：在平面直角坐标系 xOy 中，椭圆 C：$\frac{x^2}{a^2}+\frac{y^2}{b^2}=1$ $(a>b>0)$，其左、右顶点分别为点 A，B，过右焦点 F 的直线交椭圆于 M，N 两点（异于点 A，B），直线 MB 交椭圆 C 的右准线 $x=\frac{a^2}{c}$ 于点 Q，则 A，N，Q 三点共线．（证明略）

继续分析还可以发现一些"巧合"之处．右焦点 $F(c, 0)$，右准线 $x=\frac{a^2}{c}$，右焦点的横坐标和右准线的分母都是 c，那么把 c 换成别的数，题目的结论

还成立吗？这就是：

推广2：在平面直角坐标系 xOy 中，椭圆 C：$\dfrac{x^2}{a^2}+\dfrac{y^2}{b^2}=1$（$a>b>0$），其左、右顶点分别为点 A，B，过 x 轴上任意点 F（m，0）（$m\neq0$，$m\neq\pm a$）的直线交椭圆于 M，N 两点（异于点 A，B），直线 MB 交直线 $x=\dfrac{a^2}{m}$ 于点 Q，则 A，N，Q 三点共线.

证明：设 M（x_1，y_1），N（x_2，y_2），A（$-a$，0），B（a，0），

直线 MN：$x=ty+m$，

联立方程得 $\begin{cases}\dfrac{x^2}{a^2}+\dfrac{y^2}{b^2}=1,\\ x=ty+m,\end{cases}$ 消去 x 得 $(b^2t^2+a^2)y^2+2tmb^2y+b^2m^2-a^2b^2=0$，

$\therefore y_1+y_2=\dfrac{-2tmb^2}{b^2t^2+a^2}$，$y_1\cdot y_2=\dfrac{b^2m^2-a^2b^2}{b^2t^2+a^2}$，

直线 MB：$y=\dfrac{y_1}{x_1-a}(x-a)$ 与直线 $x=\dfrac{a^2}{m}$ 联立解得 $Q\left(\dfrac{a^2}{m}，\dfrac{y_1}{x_1-a}\left(\dfrac{a^2}{m}-a\right)\right)$，

$\therefore \overrightarrow{AN}=(x_2+a，y_2)$，$\overrightarrow{AQ}=\left(\dfrac{a^2}{m}+a，\dfrac{y_1}{x_1-a}\left(\dfrac{a^2}{m}-a\right)\right)$.

则 A，N，Q 三点共线

$\Leftrightarrow (x_2+a)\dfrac{y_1}{x_1-a}\left(\dfrac{a^2}{m}-a\right)=y_2\left(\dfrac{a^2}{m}+a\right)$

$\Leftrightarrow \dfrac{a}{m}x_2y_1-x_2y_1+\dfrac{a^2}{m}y_1-ay_1=\dfrac{a}{m}x_1y_2+x_1y_2-\dfrac{a^2}{m}y_2-ay_2$

$\Leftrightarrow \dfrac{a}{m}(ty_2+m)y_1-(ty_2+m)y_1+\dfrac{a^2}{m}y_1-ay_1$

$=\dfrac{a}{m}(ty_1+m)y_2+(ty_1+m)y_2-\dfrac{a^2}{m}y_2-ay_2$

$\Leftrightarrow 2ty_1y_2=\left(\dfrac{a^2}{m}-m\right)(y_1+y_2)$

$\Leftrightarrow 2t\cdot\dfrac{b^2m^2-a^2b^2}{b^2t^2+a^2}=\left(\dfrac{a^2}{m}-m\right)\left(\dfrac{-2tmb^2}{b^2t^2+a^2}\right)$

$\Leftrightarrow 2tb^2m^2-2ta^2b^2=2tb^2m^2-2ta^2b^2$，显然成立，

所以 A，N，Q 三点共线.

得到这个结论后笔者仍在想，上面几个题目中都是连接并延长 MB，那么连

接并延长 MA，结论如何呢？于是得到：

推广 3：在平面直角坐标系 xOy 中，椭圆 C：$\dfrac{x^2}{a^2} + \dfrac{y^2}{b^2} = 1$（$a > b > 0$），其左、右顶点分别为点 A，B，过 x 轴上任意点 F（m，0）（$m \neq 0$，$m \neq \pm a$）的直线交椭圆于 M，N 两点（异于点 A，B），直线 MA 交直线 $x = \dfrac{a^2}{m}$ 于点 P，则 B，N，P 三点共线.

证明同推广 2，略.

若将条件和结论对调，此时命题还成立吗？

推广 4：在平面直角坐标系 xOy 中，椭圆 C：$\dfrac{x^2}{a^2} + \dfrac{y^2}{b^2} = 1$（$a > b > 0$），其左、右顶点分别为点 A，B，过 x 轴上任意点 F（m，0）（$m \neq 0$，$m \neq \pm a$）的直线交椭圆于 M，N 两点（异于点 A，B），则直线 MA 与直线 NB 的交点 P 恒在一条定直线上.

注：通过前面的几个推广可以确定出这条定直线就是 $x = \dfrac{a^2}{m}$，可以用前面的证明方法先求直线 MA 与直线 $x = \dfrac{a^2}{m}$ 的交点，再证明三点共线. 笔者这里提供此类问题的另一种证明方法.

证明：设 M（x_1，y_1），N（x_2，y_2），A（$-a$，0），B（a，0），

直线 MN：$x = ty + m$.

联立方程得 $\begin{cases} \dfrac{x^2}{a^2} + \dfrac{y^2}{b^2} = 1, \\ x = ty + m, \end{cases}$ 消去 x 得（$b^2 t^2 + a^2$）$y^2 + 2tmb^2 y + b^2 m^2 - a^2 b^2 = 0$，

$\therefore y_1 + y_2 = \dfrac{-2tmb^2}{b^2 t^2 + a^2}$，$y_1 \cdot y_2 = \dfrac{b^2 m^2 - a^2 b^2}{b^2 t^2 + a^2}$.

直线 MA：$y = \dfrac{y_1}{x_1 + a}$（$x + a$），直线 NB：$y = \dfrac{y_2}{x_2 - a}$（$x - a$），

联立两直线方程，消去 y 得

y_1（$x_2 x - ax + ax_2 - a^2$）$= y_2$（$x_1 x + ax - ax_1 - a^2$），

$\therefore x = \dfrac{-ax_1 y_2 - a^2 y_2 - ax_2 y_1 + a^2 y_1}{x_2 y_1 - ay_1 - x_1 y_2 - ay_2}$

$\quad = \dfrac{-a（ty_1 + m）y_2 - a^2 y_2 - a（ty_2 + m）y_1 + a^2 y_1}{（ty_2 + m）y_1 - ay_1 - （ty_1 + m）y_2 - ay_2}$

$$= \frac{-2aty_1y_2 - am\left(y_1 + y_2\right) + a^2\left(y_1 - y_2\right)}{m\left(y_1 - y_2\right) - a\left(y_1 + y_2\right)}$$

$$= \frac{-2at \cdot \dfrac{b^2m^2 - a^2b^2}{b^2t^2 + a^2} - am \cdot \dfrac{-2tmb^2}{b^2t^2 + a^2} + a^2\left(y_1 - y_2\right)}{-a \cdot \dfrac{-2tmb^2}{b^2t^2 + a^2} + m\left(y_1 - y_2\right)}$$

$$= \frac{\dfrac{2a^3b^2t}{b^2t^2 + a^2} + a^2\left(y_1 - y_2\right)}{\dfrac{2atmb^2}{b^2t^2 + a^2} + m\left(y_1 - y_2\right)} = \frac{a^2\left(\dfrac{2atb^2}{b^2t^2 + a^2} + y_1 - y_2\right)}{m\left(\dfrac{2atb^2}{b^2t^2 + a^2} + y_1 - y_2\right)} = \frac{a^2}{m},$$

所以，直线 MA，直线 NB 的交点总在直线 $x = \dfrac{a^2}{m}$ 上．

推广 5：如图 2 所示，在平面直角坐标系 xOy 中，椭圆 C：$\dfrac{x^2}{a^2} + \dfrac{y^2}{b^2} = 1$（$a > b > 0$），其 左、右顶点分别为点 A，B，点 P 为直线 $x = \dfrac{a^2}{m}$ （$m \neq 0$，$m \neq \pm a$）上任一点（与 x 轴交点除 外），直线 PA，PB 与椭圆交于另外两点 M，N， 则直线 MN 恒过定点．

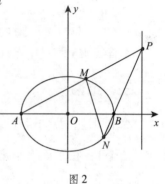

图 2

证明：设 $P\left(\dfrac{a^2}{m}, y_0\right)$（$y_0 \neq 0$），由题意知 $A\left(-a, 0\right)$，

所以直线 PA：$y = \dfrac{y_0}{\dfrac{a^2}{m} + a}\left(x + a\right)$，与椭圆方程联立得

$$\begin{cases} \dfrac{x^2}{a^2} + \dfrac{y^2}{b^2} = 1, \\ y = \dfrac{y_0}{\dfrac{a^2}{m} + a}\left(x + a\right), \end{cases}$$ 解得 $M\left(\dfrac{ab^2\left(a + m\right)^2 - am^2y_0^2}{b^2\left(a + m\right)^2 + m^2y_0^2}, \dfrac{2amy_0b^2\left(a + m\right)}{b^2\left(a + m\right)^2 + m^2y_0^2}\right)$，

同理，$N\left(\dfrac{-ab^2\left(a - m\right)^2 + am^2y_0^2}{b^2\left(a - m\right)^2 + m^2y_0^2}, \dfrac{-2amy_0b^2\left(a - m\right)}{b^2\left(a - m\right)^2 + m^2y_0^2}\right)$，则

$$k_{MN} = \frac{\dfrac{2amy_0b^2\left(a + m\right)}{b^2\left(a + m\right)^2 + m^2y_0^2} - \dfrac{-2amy_0b^2\left(a - m\right)}{b^2\left(a - m\right)^2 + m^2y_0^2}}{\dfrac{ab^2\left(a + m\right)^2 - am^2y_0^2}{b^2\left(a + m\right)^2 + m^2y_0^2} - \dfrac{-ab^2\left(a - m\right)^2 + am^2y_0^2}{b^2\left(a - m\right)^2 + m^2y_0^2}}$$

$$= \frac{4a^2my_0b^2\left(b^2\left(a^2-m^2\right)+m^2y_0^2\right)}{2a\left(b^4\left(a^2-m^2\right)^2-m^4y_0^4\right)}$$

$$= \frac{2amy_0b^2}{b^2\left(a^2-m^2\right)-m^2y_0^2},$$

所以

$$MN: y - \frac{2amy_0b^2\left(a+m\right)}{b^2\left(a+m\right)^2+m^2y_0^2} = \frac{2amy_0b^2}{b^2\left(a^2-m^2\right)-m^2y_0^2}\left(x - \frac{ab^2\left(a+m\right)^2-am^2y_0^2}{b^2\left(a+m\right)^2+m^2y_0^2}\right),$$

令 $y=0$，则

$$x = \frac{ab^2\left(a+m\right)^2-m^2y_0^2a}{b^2\left(a+m\right)^2+m^2y_0^2} - \frac{\left(a+m\right)\left[b^2\left(a^2-m^2\right)-m^2y_0^2\right]}{b^2\left(a+m\right)^2+m^2y_0^2}$$

$$= \frac{m\left(b^2\left(a+m\right)^2+m^2y_0^2\right)}{b^2\left(a+m\right)^2+m^2y_0^2} = m,$$

∴ 直线 MN 恒过定点 $(m, 0)$．

三、结论

综上所述，我们得到以下结论．

结论1：在平面直角坐标系 xOy 中，椭圆 C：$\frac{x^2}{a^2}+\frac{y^2}{b^2}=1$ $(a>b>0)$，其左、右顶点分别为点 A，B，点 M，N 为椭圆上任意两点（异于点 A，B），则对 $\forall m\neq0$ 且 $m\neq\pm a$，直线 MA，直线 NB 和直线 $x=\frac{a^2}{m}$ 三线共点，直线 NA，直线 MB 和直线 $x=\frac{a^2}{m}$ 三线共点当且仅当直线 MN 过点 F $(m, 0)$．

结论1：根据 m 的取值，有两种图形：当 $|m|<a$ 时，如图3所示；当 $|m|>a$ 时，如图4所示．

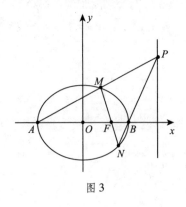

图3

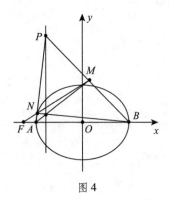

图4

由于椭圆和双曲线有很多相似的性质，于是笔者猜想双曲线是否也有相似的结论呢？经计算，确实也有相同的结论．

结论 2： 在平面直角坐标系 xOy 中，双曲线 $C：\dfrac{x^2}{a^2}-\dfrac{y^2}{b^2}=1$（$a>0$，$b>0$），其实轴的左、右端点分别为点 A，B，点 M，N 为双曲线上任意两点（异于点 A，B），则对任意的 $m\neq 0$ 且 $m\neq\pm a$，直线 MA，直线 NB 和直线 $x=\dfrac{a^2}{m}$ 三线共点，直线 NA，直线 MB 和直线 $x=\dfrac{a^2}{m}$ 三线共点当且仅当直线 MN 过点 F（m，0）．

结论 2 同结论 1 一样，根据 m 的取值，有两种图形：当 $|m|>a$ 时，如图 5 所示；当 $|m|<a$ 时，如图 6 所示．结论 2 的证明过程和推广 4、推广 5 类似，请读者自己证明．

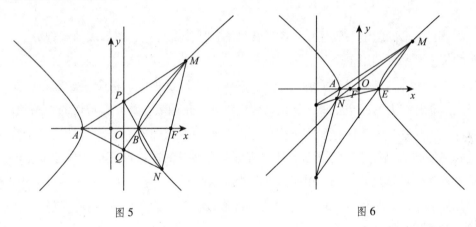

图 5 　　　　　　　　　　　图 6

例谈高考中常见的解三角形题型应对策略

汕头市翠英中学　陈伟宣

📇 作者简介 ....

陈伟宣，男，理学学士，中学一级数学教师.

　　解三角形的题型一般是在三角形背景下，已知部分边、角的取值或部分边、角的等量关系，利用正余弦定理、面积公式和三角公式等知识，求解三角形未知的边、角等与三角形有关的问题[1].在解三角形过程中，正余弦定理和面积公式是非常有力的一个工具，而正余弦定理与三角函数本身有着密切的相关性，彼此互相联系，因此，在解题过程中还经常使用两角和差、二倍角等三角函数公式来辅助解三角形.根据历年解三角形考题涉及的知识点分布，高考重点还是考查学生对知识的综合应用能力和分析问题的能力.笔者在近些年的教学中，根据全国卷的出题特点，总结了学生在解题过程中可能碰到的困难，将每一步的应对措施总结如下.

一、利用正余弦定理解三角形

　　若题中所给条件为边角的关系式，可先用正余弦定理进行边角互化，再进行下一步的运算，大多数用正弦定理即可做到，也可以用余弦定理.

　　如 $\sin B (a\cos B + b\cos A) = \sqrt{3}c\cos B$，该条件为边角关系式，观察式子可发现左右两边边的次数一致，则可以利用正弦定理将两边出现的边化成对应角的正弦，即 $\sin B (\sin A\cos B + \sin B\cos A) = \sqrt{3}\sin C\cos B$.再如2016年全国 I 卷理科17题中的边角关系式 $2\cos C (a\cos B + b\cos A) = c$，该式子同样可利用正弦定理进行边角进行互化，得到 $2\cos C (\sin A\cos B + \sin B\cos A) = \sin C$.考

虑到原式所出现的全都是角的余弦，也可以利用余弦定理进行互化，得到 $2\cdot$

$\dfrac{a^2+b^2-c^2}{2ab}\left(a\cdot\dfrac{a^2+c^2-b^2}{2ac}+b\cdot\dfrac{b^2+c^2-a^2}{2bc}\right)=c$，再进行化简．当然利用余弦定

理做边角互化对学生的数学运算能力要求较高．

若已知条件涉及的和所求的边和角构成两边两角或三边一角的关系，则可应用正弦定理或余弦定理对应代入．

每个公式都有它特有的结构，所以在解题过程中我们要仔细分析条件（或条件的变式）是否与某个公式（或公式的某一部分）相似，如果相似，则可考虑使用该公式，由此打开解题的突破口[2]．当然，很多题的突破口既可以是正弦定理，又可以是余弦定理．

【例1】

[2017年新课标理数Ⅲ卷（改）] 在 $\triangle ABC$ 中，内角 A，B，C 的对边分别为 a，b，c，已知 $\sin A+\sqrt{3}\cos A=0$，$a=2\sqrt{7}$，$b=2$，求 $\cos C$．

分析： 条件中的 $\sin A+\sqrt{3}\cos A=0$ 可利用辅助角公式，不难得出 $A=\dfrac{2\pi}{3}$，再根据条件中给出的 a，b 两边，加上要求的 c 边，刚好构成了三边一角的形式，符合余弦定理结构，代入即可解出 c 边大小，至此，三角形已知条件有三边一角要求另一个角，既可用 a，b，c 与所求 $\cos C$ 中的角 C 构成三边一角，使用余弦定理直接求出 $\cos C$；也可用 a，c，A 与所求 $\cos C$ 中的角 C 构成两边两角，使用正弦定理求出 $\sin C$，再根据大边对大角，小边对小角的原理判断 C 的范围，从而确定 $\cos C$ 的符号．

【例2】

在 $\triangle ABC$ 中，已知 $a^2-c^2=2b$ 且 $\sin A\cos C=3\cos A\sin C$，求 b．

分析： 条件 $a^2-c^2=2b$ 与余弦定理 $a^2-c^2=b^2-2bc\cos A$ 相似，可考虑将它们联立；而条件 $\sin A\cos C=3\cos A\sin C$ 与两角和差公式相似，再考虑到 $A+C=\pi-B$，可选择两角和的正弦公式代入，至此解题的突破口已经打开．

若需要求周长，题中一般会告知某一边大小，根据周长公式 $C_{\triangle ABC}=a+b+c$，求解过程需要求出另外两边的和，而对余弦定理做简单变形后可化为带两边和的式子，例如，$a^2=b^2+c^2-2bc\cos A$ 可化为 $a^2=(b+c)^2-2bc-2bc\cos A$．

【例3】

在 $\triangle ABC$ 中，内角 A，B，C 的对边分别为 a，b，c，已知 $B=\dfrac{\pi}{3}$，$b=2\sqrt{3}$，

$\triangle ABC$ 的面积为 $2\sqrt{3}$，求 $\triangle ABC$ 的周长.

分析：由于条件中出现了角 B 和 $\triangle ABC$ 的面积，可以先使用面积公式 $S_{\triangle ABC}=\dfrac{1}{2}ac\sin B=2\sqrt{3}$ 推出 $ac=8$，再利用余弦定理将三边一角串起来得到有关 ac 的式子 $b^2=a^2+c^2-2ac\cos B$，即 $b^2=(a+c)^2-2ac-2ac\cos B$，再将数据代入，可求出 $a+c$ 的值，周长即可算出.

二、利用两角和差、二倍角等三角函数公式解三角形

若题中条件出现两角和差的三角函数，可先利用和差公式进行运算.

继续看 2016 年考题经过边角互化后的式子 $2\cos C(\sin A\cos B+\sin B\cos A)=\sin C$，此时可以发现左边括号中刚好是两角和的正弦，利用公式进行运算后又可化为 $2\cos C\sin(A+B)=\sin C$，也有一些题中出现的是两角和差的正余弦，则只需将该式子展开，如 $b\sin A=a\cos\left(B-\dfrac{\pi}{6}\right)$，利用边化角和两角差的余弦公式即可化简，得到 $\sin B\sin A=\sin A\left(\cos B\cos\dfrac{\pi}{6}+\sin B\sin\dfrac{\pi}{6}\right)$，再进一步运算不难得到角 B 的三角函数值.

三、利用三角形内角和定理解三角形

若给出的条件中含有三个角的正余弦，则可用三角形内角和定理把其中一个角化为另外两个角表示，即利用 $A+B+C=\pi$. 这个结论看似不起眼，且题干中不会将其作为条件给出，容易被忽视，但在解题时若能善用此结论进行消元（转化），会有意想不到的惊喜. 常用公式有 $\sin(A+B)=\sin C$ 和 $\cos(A+B)=-\cos C$.

【例4】

在 $\triangle ABC$ 中，内角 A，B，C 的对边分别为 a，b，c，$a\cos C+\sqrt{3}a\sin C=b+c$，求 A.

分析：该题提供了边角关系式，可利用正弦定理进行边角互化，得到 $\sin A\cos C+\sqrt{3}\sin A\sin C=\sin B+\sin C$，该式中 A，B，C 三个角都出现了，所以需利用内角和定理进行消元，至于消去哪个角，可以根据式子进行分析，一般消去独立一项出现的角，这样，消元后整个式子的次数不至于太高而导致难以继续化简下去，因此该题可再化为 $\sin A\cos C+\sqrt{3}\sin A\sin C=\sin(A+C)+\sin C$，

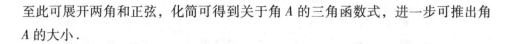

至此可展开两角和正弦，化简可得到关于角 A 的三角函数式，进一步可推出角 A 的大小．

四、利用三角形面积公式解三角形

若题中出现有关面积的量或者所求为三角形的面积，则可根据题中所出现的角选择对应的面积公式．

【例 5】

［2017 年新课标理数 I 卷（改）］在 $\triangle ABC$ 中，内角 A，B，C 的对边分别为 a，b，c，已知 $\triangle ABC$ 的面积为 $\dfrac{a^2}{3\sin A}$，求 $\sin B\sin C$．

分析：该题唯一的条件是 $\triangle ABC$ 的面积，所以可以确定该题需要使用面积公式，对于面积公式 $S_{\triangle ABC}=\dfrac{1}{2}bc\sin A=\dfrac{1}{2}ac\sin B=\dfrac{1}{2}ab\sin C$，哪个是首选？我们可以通过条件中所涉及的角来代入对应的公式，该题出现的是角 A，所以首选 $S_{\triangle ABC}=\dfrac{1}{2}bc\sin A$，则可得到等式 $\dfrac{1}{2}bc\sin A=\dfrac{a^2}{3\sin A}$，再利用正弦定理进行边角互化得到 $\dfrac{1}{2}\sin B\sin C\sin A=\dfrac{\sin^2 A}{3\sin A}$，不难求出 $\sin B\sin C=\dfrac{2}{3}$．

五、利用基本不等式解三角形

若所求为最值，则需要用到基本不等式来解决问题．这类题主要用在求面积或周长的过程中：求面积最值过程中一般会出现两边和的一个定值，利用基本不等式可得到两边乘积的最大值；求周长的最值，则在解题过程中能求出两边乘积的一个定值，利用基本不等式可得到两边和的最小值．

【例 6】

（2013 年新课标理数 II 卷）在 $\triangle ABC$ 中，内角 A，B，C 的对边分别为 a，b，c，已知 $a=b\cos C+c\sin B$．（1）求 B；（2）若 $b=2$，求 $\triangle ABC$ 面积的最大值．

分析：第（1）问只需利用正弦定理进行边角互化与三角形内角和定理，易推出 $B=\dfrac{\pi}{4}$，第（2）问涉及求面积，根据第（1）问中求出的角 B 选择公式 $S_{\triangle ABC}=\dfrac{1}{2}ac\sin B$，则面积最大即当 ac 取得最大值时，至此，所求和条件为三边一角的关系，使用余弦定理 $b^2 = a^2 + c^2 - 2ac\cos B$ 得到 $a^2 + c^2 = 4 + \sqrt{2}ac$，又因为

$a^2 + c^2 \geqslant 2ac$，所以 $ac \leqslant \dfrac{4}{2 - \sqrt{2}} = 4 + 2\sqrt{2}$，当且仅当 $a = c$ 时，等号成立，因此

$$S_{\triangle ABC_{\max}} = \frac{1}{2} \times \left(4 + 2\sqrt{2}\right) \times \frac{\sqrt{2}}{2} = \sqrt{2} + 1.$$

六、非单一三角形中的解三角形问题

以上应对策略所涉及的题都是在单个三角形背景下展开的，也有多个三角形背景下的，一般为已知其中一个三角形的某些边、角的取值（或角的三角函数值），求该背景下其他三角形的边、角或有关问题的值．这种类型的题难度相对大一些，需利用数形结合确定所求量在哪个三角形中展开，其他三角形则作为辅助三角形，利用所给条件列出与各个要素有关的正余弦定理，即可达到由已知边角求未知边角的目的．

【例7】

在 $\triangle ABC$ 中，已知 D 在 BC 边上，满足 $AD \perp AC$，$\cos \angle BAC = -\dfrac{1}{3}$，且 $AB =$

$3\sqrt{2}$，$BD = \sqrt{3}$，求 AD 的长．

分析：该题出现了多个三角形，可先根据条件画出图像，把已知的量和要求的量标出来，如图1所示，再对条件加以分析，向所求靠拢．不难发现，要求出 AD 应该在 $\triangle ABD$ 中来解．在该三角形中，有两条已知边，加上一

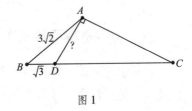

图1

条要求的边，只需加一个角就能用余弦定理求出 AD，回到已知条件中，提到的角有 $\angle BAC$ 和 $\angle DAC$，恰好 $\triangle ABD$ 中的 $\angle BAD = \angle BAC - \angle DAC$，于是可以利用两角差的余弦公式进行计算得到 $\cos \angle BAD$，问题从而得到解决．这一类型的题对学生的逻辑推理能力要求较单个三角形要高．

以上为解三角形过程中各个步骤的应对策略，在解题中可灵活运用上述一种或几种策略．当然，各策略之间是相对的，不是绝对的，要做到熟练解决解三角形的题，还需要进行大量的实践．现以2019年新课标理数Ⅰ卷中的解三角形解答题来做完整的分析．

【例8】

（2019年新课标理数Ⅰ卷）$\triangle ABC$ 的内角 A，B，C 的对边分别为 a，b，c．

设 $(\sin B - \sin C)^2 = \sin^2 A - \sin B \sin C$.

（1）求 A；（2）若 $\sqrt{2}a + b = 2c$，求 $\sin C$.

解：（1）由 $(\sin B - \sin C)^2 = \sin^2 A - \sin B \sin C$，

得 $\sin^2 B + \sin^2 C - \sin^2 A = \sin B \sin C$.（利用正弦定理进行边角互化）

结合正弦定理得 $b^2 + c^2 - a^2 = bc$，（与余弦定理 $a^2 = b^2 + c^2 - 2bc \cos A$ 结构相似）

$\therefore \cos A = \dfrac{b^2 + c^2 - a^2}{2bc} = \dfrac{1}{2}$.

又 $A \in (0, \pi)$，$\therefore A = \dfrac{\pi}{3}$.（根据角 A 所在范围得到具体大小）

（2）由 $\sqrt{2}a + b = 2c$，（利用正弦定理进行边角互化）

得 $\sqrt{2}\sin A + \sin B = 2\sin C$，（利用内角和定理 $A + B + C = \pi$ 将 B 消去）

$\therefore \sqrt{2}\sin A + \sin (A + C) = 2\sin C$，（将 A 代入，将两角和正弦展开）

$\therefore \dfrac{\sqrt{6}}{2} + \sin \left(\dfrac{\pi}{3} + C\right) = 2\sin C$，

$\therefore \dfrac{\sqrt{3}}{2}\sin C - \dfrac{1}{2}\cos C = \dfrac{\sqrt{2}}{2}$，（运用两角和正弦公式）

$\therefore \sin \left(C - \dfrac{\pi}{6}\right) = \dfrac{\sqrt{2}}{2}$.

又 $0 < C < \dfrac{2\pi}{3}$，$\therefore -\dfrac{\pi}{6} < C - \dfrac{\pi}{6} < \dfrac{\pi}{2}$.

又 $\sin \left(C - \dfrac{\pi}{6}\right) > 0$，$\therefore 0 < C - \dfrac{\pi}{6} < \dfrac{\pi}{2}$，（根据角 $C - \dfrac{\pi}{6}$ 所在范围确定其余弦）

$\therefore \cos \left(C - \dfrac{\pi}{6}\right) = \dfrac{\sqrt{2}}{2}$，（构造角 $C = \left(C - \dfrac{\pi}{6}\right) + \dfrac{\pi}{6}$，使用两角和的正弦公式）

$\therefore \sin C = \sin \left(C - \dfrac{\pi}{6} + \dfrac{\pi}{6}\right) = \sin \left(C - \dfrac{\pi}{6}\right) \cos \dfrac{\pi}{6} + \cos \left(C - \dfrac{\pi}{6}\right) \sin \dfrac{\pi}{6} = \dfrac{\sqrt{6} + \sqrt{2}}{4}$.

七、结束语

从本质上看，数学技能都是一种模式，而模式的运用又都是一种模仿性操作活动. 数学教育家波利亚指出：解题是一种实践性技能，就像游泳、滑雪、弹钢琴一样，只能通过模仿和实践来学到它[3]. 解三角形是一门大学问，而且在实际生活中的应用较为广泛，高中数学教学中应注重学生学科核心素养的培养，体现思维转变，指导学生在掌握这些策略的基础上，通过练习不断实践，感悟运用策略的心得，在深刻理解题意基础上将问题与已知有机结合，培养学生抽象、推理、想象、创造等能力，形成严谨、求真、务实的学习态度，令"课堂"成为"学堂"，使学生成为学习的主人.

参考文献：

［1］高考数学考点研究编写组.高考数学必备题型手册［M］.广州：广东教育出版社，2018.

［2］孙传平.解三角形的六大基本策略［J］.中学数学研究，2014（2）：35－37.

［3］黄安成.数学技能模式运用模仿的三个层次［J］.中学数学，1995（3）.

空间几何体的外接球与内切球问题

——题型分类与处理策略

广东省汕头市翠英中学　南定一

作者简介

南定一，男，1978 年生，陕西商洛人，毕业于陕西师范大学数学系，理学学士，现为高中数学一级教师，主要研究方向为高中数学解题方法的归纳．

一、题型概述

考查简单几何体和其外接球或内切球形成的组合体问题中，主要是与求解球的表面积和体积有关的类型，解题的关键是确定球体半径的长度，难点是通过空间想象构造出适合题意的图形，分析球心的位置，构造直角三角形求半径，通用解题思路如下（图 1）：

$$R^2 = r^2 + d^2$$

R 为球的半径，

r 为截面小圆的半径，

d 为球心到小圆圆心的距离．

图 1

另外，针对一些比较特殊的球内接几何体，可直接套用固定结论和方法快速求解．

二、典型例题

1. 套用固定结论处理长（正）方体的外接球问题

题型识别： 若题中球内接的柱体是长方体，那么长方体的体对角线为球的直径. 长方体过同一顶点的三条棱长分别为 a，b，c，外接球的半径为 R，则 $2R = \sqrt{a^2 + b^2 + c^2}$. 特别地，若球内接的长方体是棱长为 a 的正方体，则 $2R = \sqrt{3}a$.

【例题 1】

（2017·全国卷 Ⅱ，15）长方体的长、宽、高分别为 3，2，1，其顶点都在同一球面上，则球 O 的表面积为多少？

解析： 由题意知，长方体的体对角线为球 O 的直径，设球 O 的半径为 R，则 $(2R)^2 = 3^2 + 2^2 + 1^2 = 14$，得 $R^2 = \dfrac{7}{2}$，所以球 O 的表面积为 $4\pi R^2 = 14\pi$.

变式 1：（2016·全国卷 Ⅱ，4）体积为 8 的正方体的顶点都在同一球面上，该球的表面积为（　　）

A. 12π 　　　　B. π 　　　　C. 8π 　　　　D. 4π

解析： 设正方体棱长为 a，则 $a^3 = 8$，所以 $a = 2$，所以正方体的体对角线长为 $2\sqrt{3}$，所以正方体外接球的半径为 $\sqrt{3}$，所以球的表面积为 $4\pi \cdot (\sqrt{3})^2 = 12\pi$，故选 A.

变式 2：（2017·天津卷，11）已知一个正方体的所有顶点在一个球面上，若这个正方体的表面积为 18，则这个球的体积为 _____.

解析： 设正方体棱长为 a，则 $6a^2 = 18$，所以 $a^2 = 3$，外接球直径 $2R = \sqrt{3}a = 3$，$V = \dfrac{4}{3}\pi R^3 = \dfrac{4}{3}\pi \times \dfrac{27}{8} = \dfrac{9}{2}\pi$.

2. 通过"补体法"转化为长（正）方体的几何体的外接球问题

题型识别： 若题中棱锥、棱柱具有过同一顶点的三条棱两两垂直这个条件，那么可以尝试将该棱锥、棱柱放在一个长方体中；若题中出现阳马、鳖臑、正四面体或对棱等长四面体，则可以将它们放置在一个长（正）方体中转化为类型 1 进行处理.

【例题 2】

（2018·广州模拟）《九章算术》中，将底面为长方形且有一条侧棱与底面垂直的四棱锥称为阳马；将四个面都为直角三角形的三棱锥称为鳖臑. 若三棱

锥 $P-ABC$ 为鳖臑，$PA\perp$ 平面 ABC，$PA=AB=2$，$AC=4$，三棱锥 $P-ABC$ 的四个顶点都在球 O 的球面上，则球 O 的表面积为（　　）

A. 8π　　　　　B. 12π　　　　　C. 20π　　　　　D. 24π

解析：将鳖臑放在长方体中，易得 $2R=PC=\sqrt{20}$，

所以 $R=\dfrac{\sqrt{20}}{2}$，球 O 的表面积为 $4\pi R^2=20\pi$，选 C.

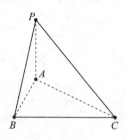

图 2

一题多解：如图 2，因为四个面都是直角三角形，所以 PC 的中点到每一个顶点的距离都相等，即 PC 的中点为球心 O，易得 $2R=PC=\sqrt{20}$，所以 $R=\dfrac{\sqrt{20}}{2}$，球 O 的表面积为 $4\pi R^2=20\pi$，选 C.

变式3：空间四个点 P，A，B，C 在同一个球面上，PA，PB，PC 两两垂直，$PA=3$，$PB=4$，$PC=12$，则球的表面积为_____.

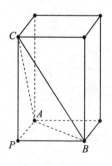

图 3

解析：如图 3，根据题意可知三棱锥 $P-ABC$ 是长方体的一个角，该长方体的外接球就是经过 P，A，B，C 四点的球.

$\because PA=3$，$PB=4$，$PC=12$，

$\therefore$ 长方体的对角线长为 $\sqrt{PA^2+PB^2+PC^2}=13$，

即外接球的直径 $2R = 13$，可得 $R = \dfrac{13}{2}$，

因此，外接球的表面积为 $S = 4\pi R^2 = 4\pi \times \left(\dfrac{13}{2}\right)^2 = 169\pi$.

变式4：（2019·广州一模）《九章算术》中将底面为长方形，且有一条侧棱与底面垂直的四棱锥称之为"阳马". 现有一阳马，其正视图和侧视图为如图4所示的直角三角形. 若该阳马的顶点都在同一个球面上，则该球的体积为（　　　）

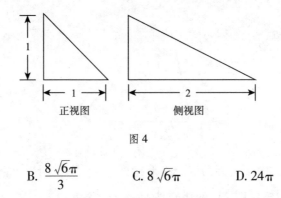

图 4

A. $\sqrt{6}\pi$ B. $\dfrac{8\sqrt{6}\pi}{3}$ C. $8\sqrt{6}\pi$ D. 24π

分析：还原几何体为四棱锥 $P-ABCD$，底面 $ABCD$ 为长方形，易知该几何体与棱长为1，2，1的长方体有相同的外接球，则长方体的体对角线即为外接球的直径，从而得解.

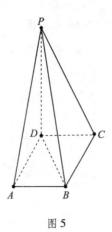

图 5

解：如图5所示，该几何体为四棱锥 $P-ABCD$，底面 $ABCD$ 为长方形.

其中 $PD \perp$ 底面 $ABCD$，$AB = 1$，$AD = 2$，$PD = 1$.

易知该几何体与棱长为1，2，1的长方体有相同的外接球，

则该阳马的外接球的直径为 $PB = \sqrt{1^2 + 2^2 + 1^2} = \sqrt{6}$.

故球体积为 $\dfrac{4}{3}\pi\left(\dfrac{\sqrt{6}}{2}\right)^{3}=\sqrt{6}\pi$，故选 A.

变式5：（2018·武汉模拟）棱长均相等的四面体 $ABCD$ 的外接球半径为 1，则该四面体的棱长为_____.

解析：将棱长均相等的四面体 $ABCD$ 补成正方体，设正方体的棱长为 a，则正四面体 $ABCD$ 的棱长为 $\sqrt{2}a$，正方体的体对角线长为 $\sqrt{3}a$，由 $\sqrt{3}a=2$，得 $a=\dfrac{2\sqrt{3}}{3}$，则 $\sqrt{2}a=\dfrac{2\sqrt{6}}{3}$.

3. 通过作截面图法处理空间几何体的外接球和内切球问题

题型识别：如果球内切或外接于旋转体，由于它们的旋转轴是相同的，因此可作出轴截面将空间图形平面化加以处理. 如不作截面图而直接在空间图形中分析，那么球心在过底面圆心且与底面垂直的直线上，圆柱两底面圆心连线的中点为外接球的球心，而圆锥不同.

【例题3】

（2017·全国卷Ⅲ，9）已知圆柱的高为 1，它的两个底面的圆周在直径为 2 的同一个球的球面上，则该圆柱的体积为（　　）

A. π B. $\dfrac{3\pi}{4}$ C. $\dfrac{\pi}{2}$ D. $\dfrac{\pi}{4}$

解析：球心到圆柱的底面的距离为圆柱高的 $\dfrac{1}{2}$，球的半径为 1，则圆柱底面圆的半径 $r=\sqrt{1-\left(\dfrac{1}{2}\right)^{2}}=\dfrac{\sqrt{3}}{2}$，故该圆柱的体积 $V=\pi\times\left(\dfrac{\sqrt{3}}{2}\right)^{2}\times1=\dfrac{3\pi}{4}$，故选 B.

变式6：（2018·武昌调研文）已知底面半径为 1，高为 $\sqrt{3}$ 的圆锥的顶点和底面圆周都在球 O 的球面上，则此球的表面积为（　　）

A. $\dfrac{32\sqrt{3}\pi}{27}$ B. 4π C. $\dfrac{16\pi}{3}$ D. 12π

解析：设球的半径为 R，由已知有 $R^{2}=1^{2}+\left(\sqrt{3}-R\right)^{2}$，则 $R=\dfrac{2}{\sqrt{3}}$，故球的表面积为 $4\pi R^{2}=4\pi\times\left(\dfrac{2}{\sqrt{3}}\right)^{2}=\dfrac{16\pi}{3}$，故选 C.

【例题4】

（2016·全国卷Ⅲ，11）在封闭的直三棱柱 $ABC-A_{1}B_{1}C_{1}$ 内有一个体积为 V 的球. 若 $AB\perp BC$，$AB=6$，$BC=8$，$AA_{1}=3$，则 V 的最大值是（　　）

A. 4π B. $\dfrac{9\pi}{2}$ C. 6π D. $\dfrac{32\pi}{3}$

解析：由题意得，若 V 最大，则球与直三棱柱的部分面相切，若与三个侧面都相切，设球的半径为 R，易得 $\triangle ABC$ 的内切圆的半径为 $\dfrac{6+8-10}{2}=2$，可求得球的半径为 2，直径为 4，超过直三棱柱的高，不符合题意．那么体积最大的球应与上、下底面相切，此时球的半径 $R=\dfrac{3}{2}$，该球的体积最大为 $V_{\max}=\dfrac{4}{3}\pi R^3=\dfrac{4\pi}{3}\times\dfrac{27}{8}=\dfrac{9\pi}{2}$．

变式 7：（F2017·江苏卷，6）如图 6，在圆柱 O_1O_2 内有一个球 O，该球与圆柱的上、下底面及母线均相切．记圆柱 O_1O_2 的体积为 V_1，球 O 的体积为 V_2，则 $\dfrac{V_1}{V_2}$ 的值是_____．

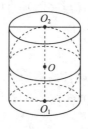

图 6

解析：设球半径为 r，则 $\dfrac{V_1}{V_2}=\dfrac{\pi r^2\times 2r}{\dfrac{4}{3}\pi r^3}=\dfrac{3}{2}$，故答案为 $\dfrac{3}{2}$．

变式 8：（2018·合肥质检）一个圆锥底面半径为 1，母线长为 3，则该圆锥内切球的表面积为（   ）

A. π B. $\dfrac{3\pi}{2}$ C. 2π D. 3π

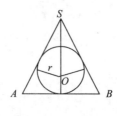

图 7

解析：依题意，作出圆锥与球的轴截面，如图7所示，设球的半径为 r，易知轴截面三角形边 AB 上的高为 $2\sqrt{2}$，因此 $\dfrac{2\sqrt{2}-r}{3}=\dfrac{r}{1}$，解得 $r=\dfrac{\sqrt{2}}{2}$，所以圆锥内切球的表面积为 $4\pi\times\left(\dfrac{\sqrt{2}}{2}\right)^2=2\pi$.

变式9：（2018·嘉兴模拟）若圆锥的内切球与外接球的球心重合，且内切球的半径为1，则圆锥的体积为_____.

解析：过圆锥的旋转轴作轴截面，得截面 $\triangle ABC$ 及其内切圆 $\odot O_1$ 和外接圆 $\odot O_2$，且两圆同圆心，即 $\triangle ABC$ 的内心与外心重合，易得 $\triangle ABC$ 为正三角形，由题意知 $\odot O_1$ 的半径为 $r=1$，所以 $\triangle ABC$ 的边长为 $2\sqrt{3}$，圆锥的底面半径为 $\sqrt{3}$，高为3，所以 $V=\dfrac{1}{3}\times\pi\times3\times3=3\pi$.

4. 根据图形的几何特征分析球心位置处理锥体的外接球问题

题型识别：若题中条件不符合前面三种类型，这时需要结合条件特点研究半径如何计算．其方法主要是利用球心在过底面图形的外接圆圆心且与底面垂直的直线上，再结合点、线、面位置关系确定球心位置进而求得半径．分析球心位置是解决球与几何体接、切问题的终极方案．

【例题5】

（2017·全国卷 Ⅰ，16）已知三棱锥 $S-ABC$ 的所有顶点都在球 O 的球面上，SC 是球 O 的直径．若平面 $SCA\perp$ 平面 SCB，$SA=AC$，$SB=BC$，三棱锥 $S-ABC$ 的体积为9，则球 O 的表面积为_____.

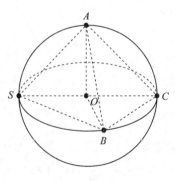

图8

解析：如图8，设球 O 的半径为 R，$\because SC$ 为球 O 的直径，

$\therefore$ 点 O 为 SC 的中点，连接 AO，OB.

$\because SA = AC$，$SB = BC$，$\therefore AO \perp SC$，$BO \perp SC$.

$\because$ 平面 $SCA \perp$ 平面 SCB，平面 $SCA \cap$ 平面 $SCB = SC$，

$\therefore AO \perp$ 平面 SCB，

$\therefore V_{S-ABC} = V_{A-SBC} = \dfrac{1}{3} \times S_{\triangle SBC} \times AO = \dfrac{1}{3} \times \left(\dfrac{1}{2} \times SC \times OB \right) \times AO$，

即 $9 = \dfrac{1}{3} \times \left(\dfrac{1}{2} \times 2R \times R \right) \times R$，解得 $R = 3$，

$\therefore$ 球 O 的表面积为 $S = 4\pi R^2 = 4\pi \times 3^2 = 36\pi$.

变式 10：（2011 年新课标 I 卷，15）已知矩形 $ABCD$ 的顶点都在半径为 4 的球 O 的球面上，且 $AB = 6$，$BC = 2\sqrt{3}$，则棱锥 $O-ABCD$ 的体积为_____．

解析： 设 $ABCD$ 所在截面圆圆心为 M，则 $AM = \dfrac{1}{2} \sqrt{(2\sqrt{3})^2 + 6^2} = 2\sqrt{3}$，

$OM = \sqrt{4^2 - (2\sqrt{3})^2} = 2$，$V_{O-ABCD} = \dfrac{1}{3} \times 6 \times 2\sqrt{3} \times 2 = 8\sqrt{3}$.

【例题 6】

（2018・全国卷 III，10）设 A，B，C，D 是同一个半径为 4 的球面上四点，$\triangle ABC$ 为等边三角形且其面积为 $9\sqrt{3}$，则三棱锥 $D-ABC$ 体积的最大值为（　　）

A. $12\sqrt{3}$ 　　　 B. $18\sqrt{3}$ 　　　 C. $24\sqrt{3}$ 　　　 D. $54\sqrt{3}$

解析： $\triangle ABC$ 为等边三角形，点 O 为 A，B，C，D 外接球的球心，G 为 $\triangle ABC$ 的重心，由 $S_{\triangle ABC} = 9\sqrt{3}$，得 $AB = 6$，取 BC 的中点 H，

$\therefore AH = AB \cdot \sin 60° = 3\sqrt{3}$，

$\therefore AG = \dfrac{2}{3} AH = 2\sqrt{3}$，

$\therefore$ 球心 O 到面 ABC 的距离为 $d = \sqrt{4^2 - (2\sqrt{3})^2} = 2$，

$\therefore$ 三棱锥 $D-ABC$ 体积最大值 $V_{D-ABC} = \dfrac{1}{3} \times 9\sqrt{3} \times (2+4) = 18\sqrt{3}$.

变式 11：（2015・全国卷 II，9）已知 A，B 是球 O 的球面上两点，$\angle AOB = 90°$，C 为该球面上的动点，若三棱锥 $O-ABC$ 体积的最大值为 36，则球 O 的表面积为（　　）

A. 36π 　　　 B. 64π 　　　 C. 144π 　　　 D. 256π

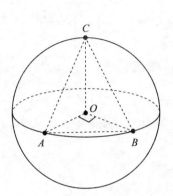

图 9

解析：如图 9 所示，当点 C 位于垂直于面 AOB 的直径端点时，三棱锥 $O-ABC$ 的体积最大，设球 O 的半径为 R，此时 $V_{O-ABC} = V_{C-AOB} = \dfrac{1}{3} \times \dfrac{1}{2}R^2 \times R = \dfrac{1}{6}R^3 = 36$，故 $R = 6$，则球 O 的表面积为 $S = 4\pi R^2 = 144\pi$，故选 C.

变式 12：（2012 年新课标 I 卷，11）已知三棱锥 $S-ABC$ 的所有顶点都在球 O 的球面上，$\triangle ABC$ 是边长为 1 的正三角形，SC 为球 O 的直径，且 $SC = 2$，则此棱锥的体积为（　　　）

A. $\dfrac{\sqrt{2}}{6}$　　　　B. $\dfrac{\sqrt{3}}{6}$　　　　C. $\dfrac{\sqrt{2}}{3}$　　　　D. $\dfrac{\sqrt{2}}{2}$

解析：如图 10，根据球的性质，可知 OO_1 平面 ABC，则 $OO_1 \perp O_1C$.

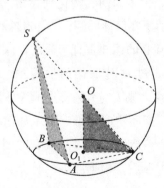

图 10

在 $\mathrm{Rt}\triangle OO_1C$ 中，$OC = 1$，$O_1C = \dfrac{\sqrt{3}}{3}$，

所以 $OO_1 = \sqrt{OC^2 - O_1C^2} = \sqrt{1 - \left(\dfrac{\sqrt{3}}{3}\right)^2} = \dfrac{\sqrt{6}}{3}$，

因此三棱锥 $S-ABC$ 的体积 $V = 2V_{O-ABC} = 2 \times \dfrac{1}{3} \times \dfrac{\sqrt{3}}{4} \times \dfrac{\sqrt{6}}{3} = \dfrac{\sqrt{2}}{6}$，故选 A.

变式 13：（2019 汕头一模，文理 11）三棱锥 $P-ABC$ 中，$PA \perp$ 平面 ABC，$\angle ABC = 30°$，$\triangle APC$ 的面积为 2，则三棱锥 $P-ABC$ 的外接球体积的最小值为（　　）

A. $\dfrac{32\pi}{3}$ 　　　　 B. $\dfrac{4\pi}{3}$ 　　　　 C. 64π 　　　　 D. 4π

解析： 因为 $PA \perp$ 平面 ABC，设 $AC = m$，$PA = h$，则 $S_{\triangle APC} = \dfrac{1}{2}hm = 2$，$\therefore hm = 4$.

设 $\triangle ABC$ 外接圆半径为 r，$P-ABC$ 的外接球半径为 R，则 $\dfrac{m}{\sin 30°} = 2r$，$r = m$，

所以 $R^2 = r^2 + \left(\dfrac{h}{2}\right)^2 \geqslant rh = 4$，即 R 的最小值为 2，所以外接球的体积最小值为 $\dfrac{32\pi}{3}$.

三、解题方法归纳

解决与球有关的接、切问题的策略如下：

（1）构造正（长）方体，转化为正（长）方体的外接球问题.

（2）空间问题平面化，把平面问题转化到直角三角形中，作出适当截面处理球外接于几何体或球内切于几何体的问题.（过球心、接点等）

（3）利用球心与截面圆心的连线垂直于截面定球心所在直线. 具体步骤是：先找几何体底面的外心 O_1，过 O_1 作底面的垂线 l_1，再找几何体一侧面的外心 O_2，过 O_2 作该侧面的垂线 l_2，则 l_1 与 l_2 的交点即为外接球的球心.

在求解与球有关的接、切问题时，难点在于如何根据题意构造合适的图形将题意直观地呈现出来，要养成对比实物想象空间图形的几何关系，多动手画图的习惯. 构造好合适的图形后，根据题型的特点，确定可以采用哪一类相应的解法加以求解. 在解完一道题后，对自己的思考求解过程进行反思和归纳，做到举一反三，触类旁通.

参考文献：

［1］教育部考试中心．高考文科试题分析：语文、数学、英语分册：2019
年版［M］．北京：高等教育出版社，2018.11.

［2］曲一线．5年高考3年模拟：A版，高考文数［M］．北京：教育科学
出版社，首都师范大学出版社，2014.1（2018.1重印）．

培养理性思维　落实核心素养

——以一道直线与圆的综合题的教学为例

广东第二师范学院番禺附属中学　方泽英

作者简介

方泽英，女，1983 年 7 月，广东惠来人，硕士研究生，中学一级教师，严运华名师工作室成员，广州市第五批骨干教师，主要研究方向为高中数学教育.

一、问题提出

2019 年的高考已经落下帷幕，其中全国 I 卷理科数学试题的难易程度及考查形式引起众多考生、家长和社会人士热议，并重点聚焦三个题目，分别为"断臂维纳斯""概率解答题""坐标系与参数方程". 甚至考完数学当天，有考生直言："本来以为数学换汤不换药，谁知今年连碗都换了."2019 年的高考全国 I 卷理科数学试题真的有外界说得这么难吗？笔者仔细对比了近几年全国卷数学的考查内容及呈现形式后发现，2019 年的高考全国 I 卷理科数学试题所考查的主干知识，与以往基本保持一致，变化较大的体现在两个方面：第一，解答题对知识点的考查顺序发生了改变，由原来的解三角形（或数列）、立体几何、概率、圆锥曲线、函数与导数，变成解三角形、立体几何、圆锥曲线、函数与导数、概率. 题序的改变，对考生的视觉和心理产生了冲击，若临场应变能力不强，将自乱阵脚. 第二，题目的呈现形式新颖，聚焦学科核心素养，附上有真实情境的题目，考生心理上有阅读障碍，无法建立出数学模型，从而难以下笔.

平时训练有素的考生一旦走进高考考场，面对有真实情境的题目，或者是转换个提问方式，在有限的时间里，为何如此不适应？考不出自己原有的水平呢？怎样才能在复习课堂中打造高效课堂，实现时间效益的最大化，这一点引发了笔者的思考．以下是笔者在一道直线与圆综合题的课堂教学中，基于学生的知识储备，结合学生的疑点，师生一起探讨、研究，共同解决问题的过程，在拓宽学生的解题思路，培养学生的理性思维，落实学科核心素养方面收到了良好的教学效果，受益良多，现与同行分享．

二、课堂片断

直线与圆的综合题是高一必修二解析几何部分的重点内容，它的解题思想方法与选修课程中直线与圆锥曲线综合题的解题方法是一脉相承的，因此，对直线与圆的复习课，我的复习策略是找好典型例题，由表及里，深入剖析题目的条件，寻找问题及其解法的本质，深挖题目蕴含的重要思想方法，形成解题策略，再通过限时练习，培养学生的理性思维及知识迁移的能力．

1. 思维碰撞——例题讲解

【例】

已知圆 $C: x^2 + y^2 + 4x - 2y + a = 0$，直线 $l: x - y - 3 = 0$，点 O 为坐标原点．

（1）求过圆 C 的圆心且与直线 l 垂直的直线 m 的方程；

（2）若直线 l 与圆 C 相交于 M，N 两点，且 $OM \perp ON$，求实数 a 的值．

思路探究：第一问，求直线的方程的关键是找点、求斜率．显然，直线过圆 C 的圆心 $(-2, 1)$，由于直线 $l \perp m$，易得 $k_m = -1$，代入点斜式方程即可求解；第二问，要求解实数 a 的值，只需要建立一个等式即可以求解，由已知条件 $OM \perp ON$，我们容易想到，假设 $M(x_1, y_1)$，$N(x_2, y_2)$，可以将条件中的线段关系转化为坐标关系，即 $x_1 x_2 + y_1 y_2 = 0$，通过直线的方程与圆的方程联立方程组，消元，转化为一元二次方程，再利用韦达定理，代入便可以求解．

解：（1）圆 $C: x^2 + y^2 + 4x - 2y + a = 0$ 可化为 $(x+2)^2 + (y-1)^2 = 5 - a$，

所以圆心 $C(-2, 1)$．又因为直线 $l \perp m$，所以 $k_l \cdot k_m = -1$，易得 $k_m = -1$，则所求直线 m 的方程为 $y - 1 = -(x+2)$，即 $x + y + 1 = 0$.

（2）设 $M(x_1, y_1)$，$N(x_2, y_2)$，由 $\begin{cases} x^2 + y^2 + 4x - 2y + a = 0, \\ x - y - 3 = 0, \end{cases}$ 消去 y，化

简得：$2x^2 - 4x + 15 + a = 0$，由判别式 $\Delta = 16 - 4 \times 2 \times (15 + a) > 0$，解得 $a <$

-13，所以 $x_1 + x_2 = 2$，$x_1 \cdot x_2 = \dfrac{15+a}{2}$，$y_1 \cdot y_2 = (x_1 - 3)(x_2 - 3) = x_1 x_2 - 3$

$(x_1 + x_2) + 9 = \dfrac{15+a}{2} - 3 \times 2 + 9 = \dfrac{15+a}{2} + 3$. 又因为 $OM \perp ON$，所以 $x_1 \cdot x_2 +$

$y_1 \cdot y_2 = 0$，即 $\dfrac{15+a}{2} + \dfrac{15+a}{2} + 3 = 0$，解得 $a = -18$，满足 $\Delta > 0$，所以 $a = -18$.

点评： 第二问提供的解题方法是求解直线与圆锥曲线综合问题的常用方法，高一学生第一次接触到可以将已知条件中的线段关系转化为坐标关系，联立方程组，韦达定理，代入求解，思路清晰，但对学生的运算能力要求高，学生不太容意接受. 课堂上，针对例题第二问的简易求解方法，引起了学生的热烈讨论，学生自发地以小组为单位，迅速开展问题研究，最终发现了以下两种解法.

学生1： 由已知条件可得，O，M，N 三点共圆，且该圆的圆心一定是直线 l 与直线 m 的交点，只要两条直线联立方程组，就可以快速地求出该圆圆心坐标，然后利用几何法，就可以迅速求解 a.

解法优化1（几何法）： 设线段 MN 的中点为 D，易得圆心 $C(-2, 1)$，由 $\begin{cases} x - y - 3 = 0, \\ x + y + 1 = 0, \end{cases}$ 得 $\begin{cases} x = 1, \\ y = -2, \end{cases}$ 即 $D(1, -2)$，所以 $|OD| = \sqrt{1^2 + (-2)^2} = \sqrt{5}$. 由题意可知，$O$，$M$，$N$ 三点共圆，且以 $D(1, -2)$ 为圆心，半径为 $\sqrt{5}$，容易得 $|MD| = \sqrt{5}$，$|CD| = \sqrt{(-2-1)^2 + (1+2)^2} = 3\sqrt{2}$，$\therefore |CM| = \sqrt{CD^2 + MD^2} = \sqrt{23}$，由 $\sqrt{5-a} = \sqrt{23}$，解得 $a = -18$.

学生2： 显而易见，O，M，N 三点共圆，我们可以直接利用直线系与圆系方程的相关知识，把经过 M，N 两点的圆 E 表示出来，再利用圆 E 经过 $O(0, 0)$，结合圆 E 的圆心在直线 l 上建立等式，求解 a.

解法优化2（直线系、圆系方程）： 由题意可知，O，M，N 三点共圆 E，设所求圆 E 的方程为：$x^2 + y^2 + 4x - 2y + a + \gamma(x - y - 3) = 0$. （※）

因为圆 E 经过 $O(0, 0)$，容易得 $a - 3\gamma = 0$，得 $\gamma = \dfrac{a}{3}$. 将它代入（※）并化简得：$x^2 + y^2 + \left(4 + \dfrac{a}{3}\right)x - \left(2 + \dfrac{a}{3}\right)y = 0$，所以圆心 $E\left(-2 - \dfrac{a}{6}, 1 + \dfrac{a}{6}\right)$，因为圆心 E 在直线 l 上，所以 $-2 - \dfrac{a}{6} - 1 - \dfrac{a}{6} - 3 = 0$，解得 $a = -18$.

学生提供的这两种解法是对求解直线与圆的综合题中常规方法的补充，思路清晰，计算量不太大，更容易接受，在课堂上，当两名学生把解法补充完整后，教室里立刻响起了热烈的掌声．

点评：课堂上，一个良好的数学问题能激发学生的数学学习热情，激发学生灵感，引起学生数学思维大碰撞．学生们在"想一想，议一议，说一说"的课堂研讨氛围中也能体会到快乐学习、成功学习的乐趣．

2. **学以致用——变式练习**

变式1：（2011年新课标文科第20题）在平面直角坐标系 xOy 中，曲线 $y = x^2 - 6x + 1$ 与坐标轴的交点都在圆 C 上．

（1）求圆 C 的方程；

（2）若圆 C 与直线 $x - y + a = 0$ 交于 A，B 两点，且 $\angle AOB = 90°$，求实数 a 的值．

思路探究：本题主要考查圆的方程及韦达定理．初看题意，第一问容易得出曲线 $y = x^2 - 6x + 1$ 与坐标轴相交的三个点坐标，即可确定圆心位置和半径大小，从而得到圆 C 的方程；第二问与例题中的第二问的求解方法一致．

解：（1）曲线 $y = x^2 - 6x + 1$ 与 y 轴的交点为 $(0, 1)$，与 x 轴的交点为 $(3 + 2\sqrt{2}, 0)$，$(3 - 2\sqrt{2}, 0)$，故可设 C 的圆心为 $(3, t)$，则有 $3^2 + (t-1)^2 = (2\sqrt{2})^2 + t^2$，解得 $t = 1$，则圆 C 的半径为 $\sqrt{3^2 + (t-1)^2} = 3$，所以圆 C 的方程为 $(x-3)^2 + (y-1)^2 = 9$．

（2）设 $A(x_1, y_1)$，$B(x_2, y_2)$，由 $\begin{cases} (x-3)^2 + (y-1)^2 = 9 \\ x - y + a = 0, \end{cases}$ 消去 y，化简得：$2x^2 + (2a-8)x + a^2 - 2a + 1 = 0$，由已知得，判别式 $\Delta = 56 - 16a - 4a^2 > 0$，所以 $x_1 + x_2 = 4 - a$，$x_1 \cdot x_2 = \dfrac{a^2 - 2a + 1}{2}$，$y_1 \cdot y_2 = (x_1 + a)(x_2 + a) = x_1 x_2 + a(x_1 + x_2) + a^2 = \dfrac{a^2 - 2a + 1}{2} + a(4 - a) + a^2$．又因为 $\angle AOB = 90°$，即 $OA \perp OB$，所以 $x_1 \cdot x_2 + y_1 \cdot y_2 = 0$，即 $\dfrac{a^2 - 2a + 1}{2} + \dfrac{a^2 - 2a + 1}{2} + a(4 - a) + a^2 = 0$，解得 $a = -1$，满足 $\Delta > 0$，所以 $a = -1$．

点评：罗增儒教授将学会解题分为四个步骤：记忆模仿、变式练习、自发领悟、自觉分析．一种方法的习得，需要经历模仿演练，"纸上得来终觉浅，绝知此事要躬行"．只有通过自己亲身的模仿操作才能将知识、方法内化到原有知识结构中．[1]

3. **拾级而上——能力提升**

变式2：已知圆 C 经过 $P(4, -2)$，$Q(-1, 3)$ 两点，且圆心 C 在直线

$x + y - 1 = 0$ 上.

（1）求圆 C 的方程；

（2）若直线 $l // PQ$，l 与圆 C 交于点 A，B，且以线段 AB 为直径的圆经过坐标原点，求直线 l 的方程.

思路探究：本题属于直线与圆的综合问题，考查圆的方程的求解方法，利用直线的平行关系设出直线的方程，利用设而不求的思想得到关于所求直线方程中含有未知数的方程，然后通过方程思想确定出所求的方程，注意要对所求的结果进行验证和取舍.

解：（1）$\because P（4，-2）$，$Q（-1，3）$，

$\therefore$ 线段 PQ 的中点 $M\left(\dfrac{3}{2}，\dfrac{1}{2}\right)$，

斜率 $k_{PQ} = -1$，则 PQ 的垂直平分线方程为 $y - \dfrac{1}{2} = 1 \times \left(x - \dfrac{3}{2}\right)$，

即 $x - y - 1 = 0$. 解方程组 $\begin{cases} x - y - 1 = 0， \\ x + y - 1 = 0， \end{cases}$ 得 $\begin{cases} x = 1， \\ y = 0， \end{cases}$

$\therefore$ 圆心 $C（1，0）$，半径 $r = \sqrt{(4-1)^2 + (-2-0)^2} = \sqrt{13}$，

故圆 C 的方程为 $(x-1)^2 + y^2 = 13$.

（2）由 $l // PQ$，设 l 的方程为 $y = -x + m$.

设 $A（x_1，y_1）$，$B（x_2，y_2）$，由 $\begin{cases} (x-1)^2 + y^2 = 13， \\ y = -x + m， \end{cases}$ 消去 y，

化简得：$2x^2 - 2（m+1）x + m^2 - 12 = 0$，

所以 $x_1 + x_2 = m + 1$，$x_1 \cdot x_2 = \dfrac{m^2 - 12}{2}$，$y_1 \cdot y_2 = （-x_1 + m）（-x_2 + m） =$ $x_1 x_2 - m（x_1 + x_2）+ m^2$.

又因为 $OA \perp OB$，所以 $x_1 \cdot x_2 + y_1 \cdot y_2 = 0$，

即 $m^2 - m - 12 = 0$，解得 $m = 4$ 或 $m = -3$，

经检验，满足 $\Delta > 0$. 故直线 l 的方程为 $y = -x + 4$ 或 $y = -x - 3$.

课堂上，也有部分学生采用了以下方法求解变式 2 第二问：由 $l // PQ$，设 l 的方程为 $y = -x + m$. 又由题意可知，O，A，B 三点共圆，设所求圆 F 的方程为 $(x-1)^2 + y^2 - 13 + \gamma（-x - y + m）= 0$.（※）

因为圆 F 经过 $O（0，0）$，容易得 $\gamma m - 12 = 0$，得 $\gamma = \dfrac{12}{m}$. 将它代入（※）

并化简得：$x^2 + y^2 - \left(2 + \dfrac{12}{m}\right)x - \dfrac{12}{m}y = 0$，所以圆心 $F\left(1 + \dfrac{6}{m}, \dfrac{6}{m}\right)$，因为圆心 F

在直线 l 上，所以 $\dfrac{6}{m} = -1 - \dfrac{6}{m} + m$，解得 $m = 4$ 或 $m = -3$. 故直线 l 的方程为

$y = -x + 4$ 或 $y = -x - 3$.

点评：弗赖登塔尔指出：学生不是被动地接受知识，而是再创造，把前人已经创造过的数学知识重新创造一遍. 作为一堂有深度的数学课，仅仅对知识方法的简单模仿显然是不够的，作为精彩的数学课堂留给学生的应该是对知识运用的一种冲动和期盼以及对问题解决后的惊喜和领悟. [1]

三、基于核心素养下高中数学复习课教学策略的几点建议

1. 重组、重建、重构课堂内容，设计专题复习学案

落实"立德树人""以人为本"的教学理念，必须以课程为载体. 基于数学核心素养的数学教学，整体理解数学课程是基础，这就要求教师要从一节一节的教学中跳出来，对课程内容进行重组、重建、重构，并以专题形式设计复习学案，突出知识的本质，从而培养学生数学理性思维. 如上面的复习课内容，在必修二的教材中，直线与圆是解析几何的重点内容，直线与圆的综合问题更是各类考试的常考题，但就教材而言，涉及到直线与圆综合题的课时较少，解决综合问题容易成为学生学习的薄弱点和难点，因此，教师应该深入研讨教材，深层次钻研高考题，挖掘出高考题对直线与圆部分内容的常考题型、常考知识点和常见解题思想方法，在整合课程内容，设计专题复习学案中，结合相关方面的内容，链接高考题，选取具有代表性的典型例题，讲清、讲透知识的本质，配套有代表性的练习题，引导学生围绕教学问题进行思维活动，方能提升课堂教学的实效性和有效性.

2. 创设多样化的师生对话平台，引发师生思维大碰撞

在数学课堂中，师生之间的对话很重要. 特别是在复习课上，学生有一定的知识储备和解决问题的能力，我们可以尝试把课堂还给学生，让学生成为课堂的主人. 常言道：听一遍不如看一遍，看一遍不如讲一遍，讲一遍不如写一遍. 传统的复习课，教师都是设计好几道典型例题，通过教师讲——学生练——教师再评讲——学生再练习的模式，学生只是在机械化地按照教师传授的"方法"套用，学生自主独立思考的过程被省略，挖掘数学本质的过程被忽略，最终导致的结果是学生只能做一题会一题，达不到做一题会一类题的高度，其

至当题目给出的条件不明显，需要学生学会进一步转化，需要将不熟悉问题转化为熟悉问题求解时，却无从下手．最根本的原因在于课堂学习中，师生之间信息的传递绝大多数情况下都是单向的，"教师问，学生答"的单一模式，不利于学生深入思考、发现新问题、发现新解法．挖掘数学思维的深度和广度，需要师生之间的对话和交流，这样才能给学生充分展示数学语言的运用和对数学问题的深刻理解，教师在与学生对话的过程中，再恰到好处地从思维方法的高度上进行点拨，可以激发学生思维，使学生产生顿悟．

3. 总结反思，启迪机智

古人用"吾日三省吾身""学而不思则罔，思而不学则殆"等典故说明反思是一种最简单最有效的思考方式和学习方式．章建跃博士说："所有的科学问题在本质上都是简单而有序的．"解题教学应强调解题之后的反思领悟，把无限多的数学问题转化为有限多的数学问题，把看似繁杂多变的解决方法转化为简单的思维策略与方法，进而通过"有限"来把握"无限"，通过"简单"来驾驭"复杂"．[2] 比如，从课堂上呈现的三个典型题目的求解过程，学生容易得到求解直线与圆的综合问题的解题策略．常常利用设而不求的思想，将直线方程与圆的方程联立方程组，消元，转化为一元二次方程，然后利用韦达定理，代入坐标关系便可以求解．让学生在理论和实践的认识学习过程中，体会到数学基本活动经验的力量，即数学基本思想是"研究对象在变，研究套路不变，思想方法不变"，从而有效地提高学生的学习效率，提升学生的思维价值，启迪他们的数学机智，落实核心素养的培养．

参考文献：

[1] 毛良忠．追寻思维逻辑凸显解题本质 [J]．中学数学教学参考，2018 (1-2)：43-47．

[2] 祝敏芝．一类二元二次不等式问题及其解法的本质探析 [J]．中学数学教学参考，2018 (1-2)：50-52．

勾股数性质探究

晓培优教育　蒋桑泽

作者简介

蒋桑泽，男，1987 年 4 月生，江苏无锡人，学士学位，晓培优教育中学数学教研负责人．

勾股定理是数学上历史悠久的一个定理，它结合了数与几何两大板块，具有独特的魅力，吸引着无数数学家和数学爱好者进行研究．

其中，勾股数是一个很有意思的内容，从"勾三股四弦五"开始，人们开始对勾股数进行研究．作为丢番图方程的一个经典例题，有很多有意思的性质．针对勾股数的性质，笔者作了一些分析研究，得到了一些有趣的结论．

勾股数性质 1：若 a，b，c 为一组勾股数，即 a，b，c 均为正整数，且满足 $a^2 + b^2 = c^2$，n 为正整数，则 na，nb，nc 也为一组勾股数．

证明：

若 $a^2 + b^2 = c^2$，

则 $(nc)^2 = n^2c^2 = n^2 \ (a^2 + b^2) \ = n^2a^2 + n^2b^2 = (na)^2 + (nb)^2$，

即 na，nb，nc 也为一组勾股数．

通过这个性质我们可以看到，如果找到一组勾股数，就能得到一系列的勾股数．当 a，b，c 不含公约数时，则称之为基本勾股数，如（3，4，5），（5，12，13），（7，24，25），（8，15，17）等．

勾股数性质 2：若 a，b，c 为一组基本勾股数，则两条直角边长 a，b 必为一奇一偶数，且斜边长 c 为奇数．

证明：

（1）若 a，b 均为偶数，则 a^2+b^2 为偶数，即 c^2 为偶数，所以 c 为偶数，与 a，b，c 不含公约数矛盾；

（2）若 a，b 均为奇数，则 c 为偶数．不妨设 $a=2m+1$，$b=2n+1$（m，n 均为自然数），则 $c^2=a^2+b^2=(2m+1)^2+(2n+1)^2=4(m^2+m+n^2+n)+2$，即 $c^2\equiv2\pmod 4$，而若 c 为偶数，$c^2\equiv0\pmod 4$，矛盾．

综上所述，a，b 必为一奇一偶数，且 c 为奇数．

在基本勾股数中，有一组成规律的勾股数（3，4，5），（5，12，13），（7，24，25），（9，40，41）…，这一系列勾股数中，直角边的奇数是从 3 开始的连续奇数，而另一个偶数直角边和斜边的差为 1.

假设 $a=2k+1$（k 为正整数），

则 $a^2=(2k+1)^2=4k^2+4k+1$

$\qquad=[(2k^2+2k+1)+(2k^2+2k)][(2k^2+2k+1)-(2k^2+2k)]$

$\qquad=(2k^2+2k+1)^2-(2k^2+2k)^2$，

即（$2k+1$，$2k^2+2k$，$2k^2+2k+1$）为符合上述表述的一组勾股数．

如果有一条直角边的勾股数和斜边勾股数的差为 2，是否也存在一系列勾股数呢？

从基本勾股数来看，（4，3，5），（8，15，17），（12，35，37）等均是符合上述范围的．如果将条件放宽到勾股数而不限定互质，那么，（6，8，10），（10，24，26），（14，48，50）也是符合上述规律的．从结果上来看，这一系列勾股数中，直角边的偶数是从 4 开始的连续偶数，而另一个奇数直角边和斜边的差为 2.

假设 $a=2k$（k 为正整数且 $k\geqslant2$），

则 $a^2=(2k)^2=4k^2=2\times2k^2$

$\qquad=[(k^2+1)+(k^2-1)][(k^2+1)-(k^2-1)]$

$\qquad=(k^2+1)^2-(k^2-1)^2$，

即（$2k$，k^2-1，k^2+1）为符合上述表述的一组勾股数．

如果严格到基本勾股数系列，那么满足上述表述的基本勾股数组可表示为（$4k$，$4k^2-1$，$4k^2+1$）．

如果有一条直角边的勾股数和斜边勾股数的差为 3，是否也存在一系列勾股数呢？通过寻找我们会发现，这一系列的勾股数（9，12，15），（15，36，39），（21，72，75）就是第一系列勾股数（3，4，5），（5，12，13），（7，24，

25) 的每个勾股数的 3 倍，即 $(6k+3,\ 6k^2+6k,\ 6k^2+6k+3)$. 如果严格到基本勾股数系列，那么满足上述表述的基本勾股数组是不存在的. 如果将这个差变成任意数 k，是否存在对应的一系列基本勾股数呢？哪些 k 能找到对应的基本勾股数系列，哪些 k 不能找到对应的基本勾股数系列呢？

针对这个问题，我们可以先分析基本勾股数斜边和直角边差的特点. 将斜边的勾股数和直角边的勾股数进行做差研究，如（3，4，5），（5，12，13），（7，24，25），（9，40，41），（12，35，37）等，我们发现斜边勾股数和奇数直角边勾股数的差是完全平方数，斜边勾股数和偶数直角边的差是完全平方数的两倍. 针对这两个性质，证明如下：

引理 1： 若 x 为奇数，y 为偶数，且 x，y 互质，则 $x+y$ 和 $x-y$ 互质.

证明：

若 $x+y$ 和 $x-y$ 不互质，不妨设 $(x+y,\ x-y)=a.$

∵ x 为奇数且 y 为偶数，∴ $x+y$ 和 $x-y$ 均为奇数，所以 a 为奇数.

又∵ $(x+y,\ x-y)=a$，∴ $a\,|\,(x+y)$ 且 $a\,|\,(x-y)$，

∴ $a\,|\,(x+y)+(x-y)$ 且 $a\,|\,(x+y)-(x-y)$，即 $a\,|\,2x$，且 $a\,|\,2y$.

又∵ a 为奇数，∴ $a\,|\,x$ 且 $a\,|\,y$，这与 x，y 互质矛盾.

所以 $x+y$ 和 $x-y$ 互质，引理得证.

勾股数性质 3： 若 $(a,\ b,\ c)$ 为一组基本勾股数，且 a 为偶数，b 为奇数，则 $c+a$ 和 $c-a$ 均为完全平方数.

证明：

不妨设 $a=2x$，$b=2y+1$，$c=2z+1$，且 x，y，z 均为正整数，

$(2y+1)^2=(2z+1)^2-(2x)^2=(2z+2x+1)(2z-2x+1)$.

∵ $(2x)$ 和 $(2z+1)$ 互质，且一个为奇数，一个为偶数，

由引理 1，∴ $(2z+2x+1)$ 和 $(2z-2x+1)$ 互质.

又∵ $(2z+2x+1)$ 和 $(2z-2x+1)$ 的乘积为完全平方数，

∴ $(2z+2x+1)$ 和 $(2z-2x+1)$ 均为完全平方数，即 $c+a$ 和 $c-a$ 均为完全平方数.

引理 2： 若 x，y 均为奇数，且 x，y 互质，则 $\dfrac{x+y}{2}$ 和 $\dfrac{x-y}{2}$ 互质.

证明：

若 $\dfrac{x+y}{2}$ 和 $\dfrac{x-y}{2}$ 不互质，不妨设 $\left(\dfrac{x+y}{2},\ \dfrac{x-y}{2}\right)=a.$

因为 $\dfrac{x+y}{2} + \dfrac{x-y}{2} = x$ 为奇数，所以 a 为奇数．

又 $\because a \left| \dfrac{x+y}{2} \right.$ 且 $a \left| \dfrac{x-y}{2} \right.$，

$\therefore a \left| \left(\dfrac{x+y}{2} + \dfrac{x-y}{2} \right) \right.$ 且 $a \left| \left(\dfrac{x+y}{2} - \dfrac{x-y}{2} \right) \right.$，即 $a|x$ 且 $a|y$，

这与 x，y 互质矛盾．

$\therefore \dfrac{x+y}{2}$ 和 $\dfrac{x-y}{2}$ 互质．

勾股数性质 4：若 $(a，b，c)$ 为一组基本勾股数，且 a 为偶数，b 为奇数，则 $\dfrac{c+b}{2}$ 和 $\dfrac{c-b}{2}$ 均为完全平方数．

证明：

不妨设 $a = 2x$，$b = 2y+1$，$c = 2z+1$，且 x，y，z 均为正整数．

$\therefore (2x)^2 + (2y+1)^2 = (2z+1)^2$，

$\therefore x^2 + y^2 + y = z^2 + z$，

$x^2 = (z-y)(z+y+1)$．

$\because (2y+1)$ 和 $(2z+1)$ 互质且均为奇数，由引理 2，

$\therefore \dfrac{(2z+1) + (2y+1)}{2}$ 和 $\dfrac{(2z+1) - (2y+1)}{2}$ 互质，

即 $(z-y)$ 和 $(z+y+1)$ 互质．

又 $\because (z-y)$ 和 $(z+y+1)$ 的乘积为完全平方数，

$\therefore (z-y)$ 和 $(z+y+1)$ 均为完全平方数，即 $\dfrac{c+b}{2}$ 和 $\dfrac{c-b}{2}$ 均为完全平方数．

最后，我们回到对于任意正整数 k，是否存在对应的一系列基本勾股数的问题．通过勾股数性质 3 和勾股数性质 4，我们有以下结论：

结论 1：当 k 为奇数时，只有当 k 为完全平方数时，才能找到对应的一系列基本勾股数．

不妨设 $k = (2n+1)^2$，即 $c - a = (2n+1)^2$，

此时令 $c + a = (2m+1)^2$，$m > n$，

$a = \dfrac{(c+a) - (c-a)}{2} = 2m^2 + 2m - 2n^2 - 2n$，

$b^2 = (c+a)(c-a) = (2n+1)^2 (2m+1)^2$，$\therefore b = (2n+1)(2m+1)$，

$c = \dfrac{(c+a) + (c-a)}{2} = 2m^2 + 2m + 2n^2 + 2n + 1$，

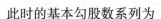

此时的基本勾股数系列为

$(2m^2 + 2m - 2n^2 - 2n,\ (2n+1)\ (2m+1),\ 2m^2 + 2m + 2n^2 + 2n + 1)$.

结论2： 当 k 为偶数时，只有当 k 的一半为完全平方数时，才能找到对应的一系列基本勾股数.

不妨设 $k = 2\ (2n+1)^2$，即 $c - b = 2\ (2n+1)^2$，

此时令 $c + b = 2\ (2m+1)^2$，$m > n$，

$a^2 = (c+b)\ (c-b) = 4\ (2n+1)^2(2m+1)^2$，$\therefore a = 2\ (2n+1)\ (2m+1)$，

$b = \dfrac{(c+b)\ -\ (c-b)}{2} = (2m+1)^2 - (2n+1)^2$，

$c = \dfrac{(c+b)\ +\ (c-b)}{2} = (2m+1)^2 + (2n+1)^2$.

此时的基本勾股数系列为 $(2\ (2n+1)\ (2m+1),\ (2m+1)^2 - (2n+1)^2,$ $(2m+1)^2 + (2n+1)^2)$.

通过分析结论2，我们把它和基本勾股数的一种基本表达形式 $(2mn,\ m^2 - n^2,\ m^2 + n^2)$ 相比较，发现它们的形式是吻合的.

参考文献：

［1］雷祥红，杜庆林．构造方程妙求勾股数［J］．初中数学教与学，2005（10）.

［2］辛恕良．对一种寻求勾股数方法的探析［J］．数学学习与研究（教研版），2007（3）.

［3］刘步松．勾股数的九条基本性质［J］．中学数学，2003（4）.

质疑演绎精彩　探究彰显本质

——基于发展学生数学核心素养的研究

广州市白云区三元里中学　苏嘉玲

🔲 作者简介 ···

苏嘉玲，女，1976 年 5 月，女，广州，教育硕士，中学数学高级教师，主要研究方向：初中数学课堂教学的优化.

2015 年 3 月 30 日，教育部在《关于全面深化课程改革落实立德树人根本任务的意见》中提出了"核心素养"．核心素养是知识、技能和态度等方面的综合表现，它是知识、能力、态度或价值观等方面的融合．数学核心素养包含数学抽象、逻辑推理、数学建模、数学运算、直观想象、数据分析等六个方面[1]．数学学科核心素养的培养，主要通过学科教学和综合实践活动课程来具体实施，数学课堂教学是发展学生数学核心素养的主要阵地，因此，以学生为主体精心设计教学情景是发展学生数学核心素养的重要途径．

"学起于思，思源于疑，疑则诱发探究，从而发现真理．"学生核心素养的发展正是由质疑开始，从解疑入手，在探究中升华，越来越多的有识之士把着眼点从原有的"学会"转向了"会学"，在排疑解难的过程中激发学生学习的主动性和主体性[2]．然而，学生的质疑能力和探究能力不是一朝一夕就能够培养起来的，这需要教师强化核心概念，夯实基础力；立足学生思维，提升思考力；创设质疑情境，增强实践力；巧设探究氛围，增强创造力．

下面，本文就结合实际教学来谈谈如何在初中数学课堂教学中对学生进行质疑能力和探究能力的培养，进而发展学生的数学核心素养．

一、巧设质疑氛围，鼓励学生"敢问"

培养学生的质疑能力，教师必须要以积极的态度为学生精心创设一个宽松愉悦的课堂环境，精心准备能引起学生质疑的教学素材，营造质疑氛围，摒弃以往"填鸭式""满堂灌"的教学方式，放下"师道尊严"的架子，给学生充分的质疑和探究时间，教师耐心等待、仔细倾听学生的每一次思维颤动，对于学生发现的问题给予充分的肯定，对于其中有价值的问题，还可通过辩论活动来提高学生质疑的敏捷性、灵活性与多样性，让学生"敢问""乐问"，从而激发学生产生强烈的探究动机，并付诸于行动．

在复习了方程及函数的知识后，我精心设计了下面的问题．

【例1】

已知关于 x 的方程 $(k-3)x^2+kx+1=0$，求证：不论 k 取何值时，方程总有实数根．

由于之前已经做过利用判别式判断根的情况的练习，学生们一看到题目都觉得很熟悉，一副志在必得的样子，其中数学成绩一向优秀的小丽最先完成了，大声解答道："要使方程有实数根，需要证明 $\Delta=k^2-4(k-3)\geqslant0$."同学们都同意小丽的解题方法．

就在这时，我注意到平时沉稳细心的小雅一脸疑惑．我心里暗暗喜悦：好，有学生发现问题了！于是我故作惊讶："小雅，你是否有不同的见解？"

小雅慢慢地站了起来，怯怯地质疑道："老师，该不会是您出错题了吧？这道题是要在 $k\neq3$ 的条件下方程才有实数根."

小雅话音刚落，小丽也立刻反应过来："是啊，我刚才的解法忽略了二次项系数不为零这个条件了．老师，难道您真的出错题了？"

听了小雅、小丽两位同学的质疑，班中很多的同学都洋洋得意："啊哈，老师您出错题了！该罚！"

看着他们沉浸在"成功"的喜悦中，我没有急于解释，而是让他们自己找出"错误"，体验别样的"成功"！我微微一笑："老师到底有没有出错题呢？我们把这个题目放一下，先看看投影上的这道题！"

【例2】

已知关于 x 的方程 $(k-3)x^2+kx+1=0$，问：当 x 取何值时，该方程分别为一元一次方程和一元二次方程，并判断此时该方程是否存在实数根．

学生很快就完成了解答．因为上一道题还"驻守"在黑板上，有的学生已经明白了老师的暗示，思维又回到了上一道题中，开始了热烈的讨论，他们探究的热情深深感染了我．时间一分一秒地过去了，突然小丽腼腆地说："哎呀！老师没有出错题，是我们都错了！"

我微笑点头，请小丽分析错误："这道题目并没有明确给出方程是一元二次方程，如果 $k=3$ 时，方程为一元一次方程同样有实数解 $x=-\dfrac{1}{3}$，而且我们在证明 $\Delta \geqslant 0$ 时已经要求 $k \neq 3$，不符合题目的求证．"

经过同学们的质疑讨论，学生得出这道题应分类讨论：当 $k=3$ 时为一元一次方程，有实数根 $x=-\dfrac{1}{3}$；当 $k \neq 3$ 时为一元二次方程，通过配方法证明 $\Delta \geqslant 0$，得出方程有两个实数根，综合两种情况得：不论 k 取何值时，方程总有实数根．

在本案例的教学中，我巧设情景制造疑惑问题，鼓励学生大胆质疑，在知识的易错点、思维的忽视区设置"陷阱"，诱导学生"犯错"，当他们落入"陷阱"并陶醉在"成功"的喜悦时，适时适当地引导他们发现错误，鼓励他们通过自主学习、合作交流探究错误的成因，以疑引探，以探促思，认清错误的根源，实现认知的深化和建构，促进数学课堂的和谐有效发展，学生的数学核心素养在质疑和探究的学习过程中精彩提升，彰显"以学生的发展为目的"教学的本质．

二、授之于渔，鼓励学生"追问"

发展学生的探究能力，教师不囿于固有的师生"一问一答"的教学模式，教师可为学生创设一个宽松愉悦的游戏环境，给学生充分的思考及探究时间，让学生围绕问题层层深入，不断追问，剥茧求真．

【例 3】

中点四边形问题："依次连接任意一个四边形各边中点所得的四边形叫做中点四边形，它是什么图形？"．

同学们经过动手操作，猜想并证明了一般四边形的中点四边形是平行四边形，探究的气氛很浓，这时"调皮鬼"小豪嘟哝着："老师，每次都是你提问我们作答，现在我们玩玩互动游戏，抢答怎么样？你输了可要给我们发奖品哦！"我一听，楞了一秒，冲口而出"好啊！"我正好充分利用自己的教学机智，调整预设，把这部分内容设计为互动资源，让学生层层深入，追问探究.

　　学生们听了"可以玩互动游戏，还可以考老师，考同学，玩抢答赢奖品"，兴趣一下子高涨起来了，立刻磨刀霍霍，你一言，我一语地争相提问，抢着回答，所提的问题深度、广度不断拓展，学生的探究气氛异常浓烈，而我也适当地把问题抛回给学生思考、探究，找准时机用恰当的引问、追问、趣问，适时点拨，不断推动探究深入升华，让学生在多元互动的探究活动中理顺平行四边形的知识脉络，对矩形、菱形、正方形、等腰梯形的性质与判定有了更清晰的认识，把握了问题的本质，达到知识的回顾与重组的核心价值，激发了学生的学习兴趣，拓展了学生的思维，为学生营造了一个宽松、愉悦的师生共同参与的互动游戏教学情境，增强了师生之间的情感交流，妙趣迭起，这样的师生多元互动场面虽然有点复杂，但却是师生之间思维碰撞、情感交流的绝好机会，伴随其中的是精彩的生成，是师生人生道路上永不磨灭的记忆，这样的探究活动对发展学生的核心素养益处良多.

三、积极引导，鼓励学生"深问"

　　教师在引导学生鼓起"敢问""追问"的勇气时，也要指导学生进行"深问"."深问"可看做是质疑和探究的更深层次，这便要求教师在平时的教学过程中注重引导学生抓住问题的本质，使得提问契合知识不跑题，做到从不同角度去思考问题，利用知识的正向迁移拓宽质疑和探究的深度与广度，从而提高质疑和探究的有效性[2].

　　如在前面的例1中，在学生反思错误的根源后，我趁热打铁抛出问题："方程与函数密不可分，方程的根就是函数与 x 轴的交点的横坐标，受例1的启发，我们可以得出哪些类似的函数问题？"

　　同学们自主探究，合作交流，总结错误，深化拓展，得出了下面的函数问题，并指出了在变式中如何避免因思维定势而犯的错误.

　　变式1：已知关于 x 的函数 $y = (k-3) x^2 + kx + 1$，求证：该函数与 x 轴总有交点.

　　变式2：已知关于 x 的函数 $y = (k-3) x^2 + kx + 1$，求证：该函数与坐标轴至少有两个不同的交点.

　　数学课堂教学是一个师生共同质疑、探究解惑的过程，是以问题为核心展开的，教师要鼓励学生多尝试一点"无中生有""异想天开"的事，点燃潜藏在学生身上的"质疑"的火花，使学生对未知世界始终怀有强烈的兴趣和激情，勇于探究，敢于创新．在此案例中，在点燃学生的质疑火花后，我积极引导学生深入问题的核心，不断深问，不断探究新知识[3]．

四、关注思考，鼓励学生"求异"

发展学生的数学核心素养增强课堂教学实效是一项复杂而又艰巨的任务，任重而道远．教师应转变角色定位，通过精心创设教学情境，营造宽松和谐愉悦的教学氛围，通过一题多解等方式开展变式训练，激活学生数学求异思维，开阔学生的思路，学活知识，从而达到发展学生核心素养的目的．

【例4】

"鸡兔同笼"问题："今有鸡兔同笼，上有三十五头，下有九十四足，问鸡兔各几何？"

由于此时我正讲授二元一次方程组，大部分同学在思考后都用方程的方法解决，平时喜欢捣乱的"调皮鬼"小豪在小声嘀咕："又是列方程解应用题，能不能搞点新名堂啊！"我听了没有呵斥而是微笑："那你有什么高招？说来听听．"

小豪红着脸说："把每只兔子都砍掉两只脚，不就立刻算出来了嘛！"我听了先一愣，马上心一动，立即让他讲解："鸡和兔子共有94只脚，鸡和兔子共有35头，假设每只兔子砍去两只脚后，则鸡和兔子共有70条腿，剩下的兔子腿为 $94-70=24$ 腿，说明兔子有12只，于是鸡有23只．""多么有创意的见解！"我情不自禁地为他鼓掌，其他同学也兴趣盎然，纷纷寻求其他新异解法．

由于我对小豪的打断没有粗暴呵斥，为小豪提供了一个展示才能的舞台，同学们都深深为我的人格魅力所折服，纷纷投入到探索新解法中去，随着讨论的进行，不时有创新的想法产生．由于我在教学中关注学生思考，给学生充足的思考时间与空间，关注着学生的独特感受，使发言学生得到受重视的关怀，将个别学生的创新解法转化为全体学生共同的体验，激发学生探索新解法的兴趣，发展学生的求异思维和创新思维，提高学生的核心数学素养，优化数学课堂教学．

五、结束语：质疑演绎精彩，探究彰显本质

一堂好课，一堂有价值的好课，一定是一堂充满质疑与探究的课堂，充满着思维碰撞、激情四射的课堂，师生情感交融，学生思维活跃，敢于、勇于、善于、巧于质疑与探究的课堂[4]，在这样诗意栖居的课堂里学生的头脑不再是

被灌输知识的容器，而是一支在燃烧的烈焰火把，教师精心设计的质疑素材是点燃这支火把的导火索，继而质疑的火花点燃探究的熊熊大火，照亮了学生的前进道路[4].

古人云："学贵有疑，小疑则小进，大疑则大进."质疑是思维的开端，是创新的基础.教师在课堂教学中要"以疑为线索，以探为核心"，鼓励学生有疑就要问，自主探究.质疑是手段，探究是目的[5].当学生带着疑问向教师质疑时，教师不要急于回答，更不能直接予以否定，而应把质疑的素材进行粗加工抛回让学生去讨论、去动手实践、去自主探究，让质疑的素材在师生的思维碰撞中碰撞出智慧的火花，让探究的问题拓宽学生思维的广度与深度，让质疑演绎课堂精彩，探究彰显教学本质，只有这样，才能全面发展学生的数学核心素养，使学生养成多思善问的学习习惯.

参考文献：

[1] 王坚.数学课堂教学中学科素质与学科核心素养初探［J］.中国校外教育，2019.

[2] 徐峰.在问题中思考，在质疑中探究［J］.数学教学通讯，2014，15：32 – 33.

[3] 应乐倩.点燃学生"质疑"的火花［J］.数学学习与研究，2016，11：111.

[4] 赖二福.初中数学教学中学生质疑能力的培养［J］.数学大世界，2016，11.

[5] 程海燕."质疑"——点燃学生数学思维的引爆器［J］.小学教学参考，2011，14：41.

数学建模核心素养的内涵及教育价值

怀集县第一中学　谭洪　贾岚匀

作者简介

谭洪，男，1989 年 7 月 22 日生，籍贯重庆市万州区，高中数学教师；贾岚匀，女，1989 年 6 月 15 日生，籍贯吉林省辽源市，高中数学教师，主要研究领域：高中数学教育教学案例研究，高考数学复习研究.

随着数学新课程改革的不断推进，人们的观念从只关注成绩逐步转向关注学生素质的发展. 在教育部印发的《全面深化课程改革，落实立德树人根本任务的意见》文件中首次提出了数学核心素养的概念. 就数学学科而言，数学核心素养包括数学抽象、逻辑推理、数学建模、数学运算、直观想象、数据分析. 这六大核心素养既相互独立，又相互交融，构成统一的整体，它们是关于数学思想方法、数学思维以及数学知识与技能的结合. 数学核心素养使学生在学习数学后能够具备数学思维、问题解决能力和科学创新精神，并在将来的各自领域中发挥重要作用.

一、数学建模核心素养的内涵

所谓数学建模，是指把现实生活中的实际问题加以提炼，根据所研究问题的一些属性和关系，用形式化的数学语言表示为数学模型，求出模型的解，验证模型的合理性，并用该数学模型所提供的解答来解释现实问题，其实也就是发现问题、提出问题、建立数学模型解决实际问题的全过程. 为了更好地理解数学建模的涵义，我在这里介绍一下什么是数学模型. 数学模型是指对于现实世界的某一特定的研究对象，为了一个特定目的，根据特有的内在规律，做一些必要的简化假设后，运用适当的数学工具，并用字母、数字及其他数学符号建立起来的等式或不等式以及图表、图象、框图等描述客观事物的特征及其内在联系的一个数学结构．数学中的各种数学公式、方程式、定理、理论体系等，都是一些具体的数学模型．

数学建模是架设数学与实际生活的桥梁，是数学应用的重要形式．在数学建模的过程中，我们会慢慢积累用数学解决实际问题的经验，慢慢培养数学建模核心素养——数学建模思想．数学建模思想是解决数学问题最常用的数学思想方法之一．数学建模思想以应用为出发点，以数学思维的方式观察事物，以数学思维的方法分析问题，借助计算机及软件解决问题，再返回到应用中去评价、修改与完善，其精髓就是应用意识与创新意识的有机结合．

2017 版高中数学新课程标准中提到"在高中数学课程中举行一次数学建模课外活动"，这对我们高中数学老师是一个巨大的挑战．很多教师对数学建模活动的理解大都停留在大学期间学习的数学建模，从主观上觉得很难操作，这在一定程度上影响了教师实施"数学建模活动"教学的积极性．我们现在了解一下中学数学建模的含义．

1. 按数学意义上的理解

中学数学建模是在中学中组织的数学建模，主要指基于中学范围内的数学知识所进行的建模活动．同其他数学建模一样，它仍以实际问题为解决对象，但要求运用的数学知识在中学生认知水平范围内，专业知识不能要求太高，并且要有一定的趣味性和教学价值．

2. 按课程意义上的理解

中学数学建模是一种在中学中实施的以"问题引领，操作实践"为特征的活动型课程．学生通过经历建模的全过程，亲自解决实际问题，由此积累数学经验，提升对数学应用价值的认识，改变传统的学习方式．通过建模活动，激发学生自主思考，促进学生合作交流，提高学生学习兴趣，发展学生创新精神，培养学生应用意识和应用数学的能力，最终使学生具备适应现代社会需求的数学素养．

一个具有数学素养的人善于独立思考，具有独创精神，能够利用数学丰富个人生活，满足个人生活需要．高中数学新课程标准提出的数学核心素养是指学生进行数学知识的学习、数学方法的积累、数学思维的运用，并以此为基础在现实情境中从数学角度去思考问题、分析问题和解决问题，进而形成良好的数学能力、品质和习惯．这种能力和品质对其终身发展和适应社会需要具有积极的促进意义．教师在教学过程中应当重点关注学生这种能力的形成．通过普通高中数学课程的学习，我们不仅希望学生能够提高学习数学的兴趣，增强学好数学的自信心，养成良好的数学学习习惯，发展自主学习的能力，更希望学生能树立敢于质疑、善于思考、严谨求实的科学精神；不断提高实践能力，提升创新意识，认识数学的科学价值、应用价值、文化价值和审美价值．最后，希望学生能够学会用数学眼光观察世界，用数学思维思考世界，用数学语言表达世界．

二、数学建模在中学数学中的具体体现

现在很多中学的数学题都把问题现实化，和生活息息相关，要解决这些实际问题，必不可少的一个工具就是数学建模．中学数学中常用的数学模型有函数模型、几何模型、概率模型和统计模型．这些模型是解决数学问题和实际问题的有用工具．现在我们具体了解一下各模型．

1. 函数模型

函数反映了事物间的广泛联系，揭示了现实生活中众多的数量关系及运动规律．通过建立函数关系解决问题的方法叫做函数模型．其中，函数主要是二次函数、分段函数、指数函数、对数函数、幂函数、三角函数．现实生活中的很多问题，诸如计划决策、用料造价、最佳投资、最小成本、方案最优化等问题，常可建立函数模型求解．

【例1】

（2017·上海卷）根据预测，某地第 n（$n \in \mathbf{N}^*$）个月共享单车的投放量和损失量分别为 a_n 和 b_n（单位：辆），其中 $a_n = \begin{cases} 5n^4 + 15, & 1 \leqslant n \leqslant 3, \\ -10n + 470, & n \geqslant 4, \end{cases}$ $b_n = n + 5$，第 n 个月底的共享单车的保有量是前 n 个月的累计投放量与累计损失量的差．

（1）求该地第 4 个月底的共享单车的保有量；

（2）已知该地共享单车停放点第 n 个月底的单车容纳量 $S_n = -4(n-46)^2 + 8800$（单位：辆）．设在某月底，共享单车保有量达到最大，问该保有量是否超出了此时停放点的单车容纳量？

解题思路： 本题是一道实际应用题．主要考查分段函数模型和数列求和、数列最值的计算，同时考查学生解决实际问题的能力．

解：（1）

$$\because a_n = \begin{cases} 5n^4 + 15, & 1 \leqslant n \leqslant 3, \\ -10n + 470, & n \geqslant 4, \end{cases}$$

$$\therefore a_1 = 5 + 15 = 20, \quad a_2 = 5 \times 2^4 + 15 = 95,$$

$$a_3 = 5 \times 3^4 + 15 = 420, \quad a_4 = -10 \times 4 + 470 = 430.$$

$$\because b_n = n + 5, \quad \therefore b_1 = 6, \quad b_2 = 7, \quad b_3 = 8, \quad b_4 = 9,$$

∴ 该地第 4 个月底的共享单车的保有量

$$Q_4 = (a_1 + a_2 + a_3 + a_4) - (b_1 + b_2 + b_3 + b_4)$$

$$= (20 + 95 + 420 + 430) - (6 + 7 + 8 + 9) = 935 \text{（辆）}.$$

（2）设

$$A_n = a_1 + a_2 + a_3 + \cdots + a_n, \quad B_n = b_1 + b_2 + b_3 + \cdots + b_n,$$

$$Q_n = A_n - B_n,$$

∴ 当 $n \geqslant 4$ 时，

$$Q_n = (a_4 + a_5 + \cdots + a_n) - (b_4 + b_5 + \cdots + b_n) + (a_1 + a_2 + a_3) - (b_1 + b_2 + b_3)$$

$$= \frac{(n-3)(430 - 10n + 470)}{2} - \frac{(n-3)(9 + n + 5)}{2} + 514$$

$$= \frac{(n-3)(886 - 11n)}{2} + 514$$

$$= -\frac{11}{2}n^2 + \frac{919}{2}n - 815,$$

$$\therefore Q_n = \begin{cases} 14, & n = 1, \\ 102, & n = 2, \\ 514, & n = 3, \\ -\dfrac{11}{2}n^2 + \dfrac{919}{2}n - 815, & n \geqslant 4, \end{cases}$$

∴ 当 $n = -\dfrac{\dfrac{919}{2}}{2 \times \left(-\dfrac{11}{2}\right)} \approx 42$ 时，Q_n 最大，且最大值是 8782，此时 $S_{42} =$

$$-4 \times (42 - 46)^2 + 8800 = 8736 < 8782,$$

故该月底共享单车保有量超出了此时停放点的单车容纳量.

2. 几何模型

几何与人类生活和实际需要密切相关. 把要解决的实际问题转化成一个几何问题，然后应用平面几何知识使该问题获解，即把实际问题转化成几何问题的过程叫做建立几何模型. 诸如航海、建筑、测量、工程定位、裁剪方案、道路拱桥设计等涉及一定图形的性质时，常常需要建立"几何"模型，把实际问题转化为几何问题加以解决.

【例 2】

如图 1 所示，某船以每小时 36 海里的速度向正东方向航行，

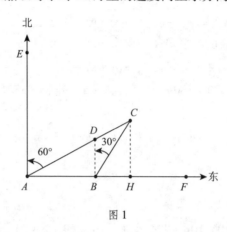

图 1

在点 A 处测得某岛 C 在北偏东 $60°$ 方向上，船航行半个小时后到达点 B，测得该岛在北偏东 $30°$ 方向上，已知该岛周围 16 海里内有暗礁.

（1）试说明点 B 是否在暗礁区域外？

（2）若继续向东航行，有无触礁危险？请说明理由.

解题思路：建立几何模型的关键是根据题意正确地画出图形，然后根据三角函数和方程思想综合进行求解，最后根据已知条件得出正确的结论.

解：（1）过点 B 作 $BD/\!/AE$，交 AC 于点 D.

$\because AB = 36 \times 0.5 = 18$（海里），

$\angle ADB = 60°$，$\angle DBC = 30°$，

$\therefore \angle ACB = 30°$.

又 $\angle CAB = 30°$，$\therefore BC = AB = 18 > 16$，

$\therefore$ 点 B 在暗礁区域外.

（2）过点 C 作 $CH \perp AB$，垂足为 H，在 Rt$\triangle CBH$ 中，$\angle BCH = 30°$，

令 $BH = x$，则 $CH = \sqrt{3}x$. 在 Rt$\triangle ACH$ 中，$\angle CAH = 30°$，

$\therefore AH = \dfrac{CH}{\tan 30°} = \sqrt{3} CH = \sqrt{3} \times (\sqrt{3}x) = 3x$.

$\because AH = AB + BH$，$\therefore 3x = 18 + x$，解得 $x = 9$.

∵ $CH = 9\sqrt{3} < 16$，∴ 船继续向东航行有触礁的危险．

3. 概率模型

概率在社会生活及科学领域中用途非常广泛，诸如抽奖游戏、彩票中奖问题、股票走势、预测球队胜负等问题，常可建立概率模型求解．

【例3】

（2018·全国Ⅰ卷）某工厂的某种产品成箱包装，每箱200件，每一箱产品在交付用户之前要对产品作检验，如检验出不合格品，则更换为合格品．检验时，先从这箱产品中任取20件，再根据检验结果决定是否对余下的所有产品作检验．设每件产品为不合格品的概率都为 p（$0 < p < 1$），且各件产品是否为不合格品相互独立．

（1）记20件产品中恰有2件不合格品的概率为 $f(p)$，求 $f(p)$ 的最大值点 p_0．

（2）现对一箱产品检验了20件，结果恰有2件不合格品，以（1）中确定的 p_0 作为 p 的值．已知每件产品的检验费用为2元，若有不合格品进入用户手中，则工厂要对每件不合格品支付25元的赔偿费用．

① 若不对该箱余下的产品作检验，这一箱产品的检验费用与赔偿费用的和记为 X，求 EX；

② 以检验费用与赔偿费用和的期望值为决策依据，是否该对这箱余下的所有产品作检验？

解题思路：（1）由于每件产品为不合格品的概率都为 p，结合独立重复试验，即可求出20件产品中恰有2件不合格品的概率 $f(p)$．对 $f(p)$ 求导，利用导数的知识，即可求出 $f(p)$ 的最大值点 p_0．（2）①利用（1）的结论，设余下的产品中不合格品的件数为 Y，则 Y 服从二项分布，利用二项分布的期望公式、Y 与 X 的关系式求出 EX；②求出检验余下所有产品的总费用，再与 EX 比较，即可得出结论．

解：（1）20件产品中恰有2件不合格品的概率为 $f(p) = C_{20}^2 p^2 (1-p)^{18}$，

∴ $f'(p) = C_{20}^2 [2p(1-p)^{18} - 18p^2(1-p)^{17}] = 2C_{20}^2 p(1-p)^{17}(1-10p)$．

令 $f'(p) = 0$，得 $p = 0.1$．

当 $p \in (0, 0.1)$ 时，$f'(p) > 0$，

当 $p \in (0.1, 1)$ 时，$f'(p) < 0$，

∴ $f(p)$ 的最大值点 $p_0 = 0.1$．

由（1）知，$p = 0.1$.

① 令 Y 表示余下的 180 件产品中的不合格品件数，

由题意得 $Y \sim B(180, 0.1)$，

$X = 20 \times 2 + 25Y$，即 $X = 40 + 25Y$，$EY = 180 \times 0.1 = 18$，

$\therefore EX = E(40 + 25Y) = 40 + 25EY = 490$.

② 如果对余下的产品作检验，则这一箱产品所需要的检验费为 400 元．由于 $EX > 400$，故应该对余下的产品作检验．

方法总结：解决此类题目的关键：①认真读题，读懂题意；②会利用导数求最值；③会利用公式求服从特殊分布的数学期望；④会利用期望值解决决策型问题．

4. 统计模型

有些实际应用问题要应用统计思想，对数据进行统计分析，然后做出判断和决策，进而解决数学问题，这种方法叫做统计模型．统计知识在自然科学、经济、人文、管理、工程技术等众多领域中有着越来越多的应用，诸如人口统计、公司的财务统计、各类投票选举等问题，常常要将实际问题转化为"统计"模型，并利用有关统计知识加以解决．

【例 4】

（2018 · 全国 Ⅱ 卷）图 2 是某地区 2000 年至 2016 年环境基础设施投资额 y（单位：亿元）的折线图．

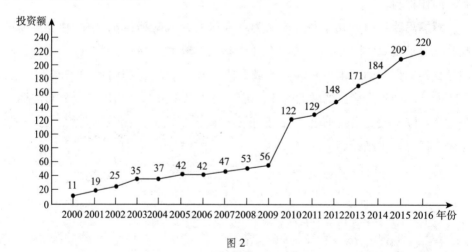

图 2

为了预测该地区 2018 年的环境基础设施投资额，建立了 y 与时间变量 t 的两个线性回归模型．根据 2000 年至 2016 年的数据（时间变量 t 的值依次是

1，2，3，…，17）建立模型①：$\hat{y} = -30.4 + 13.5t$；根据 2010 年至 2016 年的数据（时间变量 t 的值依次是 1，2，3，…，7）建立模型②：$\hat{y} = 99 + 17.5t$.

（1）分别利用这两个模型，求该地区 2018 年的环境基础设施投资额的预测值；

（2）你认为用哪个模型得到的预测值更可靠？并说明理由.

解题思路：（1）将 $t = 19$ 与 $t = 9$ 分别代入线性回归模型①与②，可求得 2018 年的环境基础设施投资额的预测值；（2）根据线性回归模型①与②，并结合已知的折线图进行分析；也可以根据两个线性回归方程对 2018 年的环境基础设施投资额进行预报，分析它们与真实值间产生的残差来对比两个模型的可靠性.

解：（1）利用模型①，该地区 2018 年的环境基础设施投资额的预测值为

$\hat{y} = -30.4 + 13.5 \times 19 = 226.1$（亿元）.

利用模型②，该地区 2018 年的环境基础设施投资额的预测值为

$\hat{y} = 99 + 17.5 \times 9 = 256.5$（亿元）.

（2）利用模型②得到的预测值更可靠.

理由如下：从计算结果看，相对于 2016 年的环境基础设施投资额 220 亿元，由模型①得到的预测值 226.1 亿元的增幅明显偏低，而利用模型②得到的预测值的增幅比较合理，说明利用模型②得到的预测值更可靠.

三、数学建模核心素养的教育价值

受应试教育的影响，数学教育存在重记忆轻理解、重知识轻方法、重理论轻应用的问题，学生进行大量机械重复的练习，以期望达到"熟能生巧"的境界，而事实上学生在数学思维能力上并没有多大的提高. 机械的训练之所以未达到提高数学能力这一目标，是因为训练中缺乏数学建模思想的渗透. 随着对学生全面实施素质教育，培养学生综合能力认识的统一，在中学数学教学中渗透数学建模思想是加强数学与实际的联系，实施数学素质教育的一个重要方面. 数学建模思想是数学知识和应用能力共同提高的最佳结合点. 所以，在中学数学教学中，渗透数学建模思想具有重大的意义.

1. 发展了学生的数学应用意识

近几年来，我国各级学校数学建模的实践表明，开展数学建模的教学活动符合社会需要，有利于增强学生的应用意识，有利于扩展学生的视野. 学生在

数学建模过程中知道了现实世界里的数学与课堂上的数学之间的联系，体会到了数学的应用价值，从而促进学生逐步形成和发展数学的应用意识，并提高实践能力．

2. 培养了学生的创新意识和创造能力

构造数学模型的过程本身就是一个创造和发明的过程．学生在数学建模过程中，可以充分发挥自己独特的想法和想象，利用已有的数学知识构建数学模型，解决实际问题，从而培养了学生的创新意识和创造能力．

3. 培养了学生快速获取信息和资料的能力

学生在数学建模的过程中，需要大量阅读查询资料，从中获取对建模有用的信息．在此过程中，逐渐培养了学生快速获取信息和资料的能力．

4. 锻炼了学生快速了解和掌握新知识的技能

在数学建模过程中，虽然学生应用已有的数学知识解决实际问题，但有些时候也会用到很多课外知识，这就需要学生阅读资料自主学习新知识．在这个过程中，可以锻炼学生快速了解和掌握新知识的技能．

5. 培养团队合作意识和团队合作精神

要想完成整个数学建模的全过程，不是一个人的事情，需要大家分工合作、集思广益、发挥各自的特长，这样得到的结果才比较全面准确．在此过程中，同学们可以互相学习、吸取经验，这样得到的知识远比一个人学习得到的东西多的多，而且同学们在数学建模过程中学会了团队合作，体会到了团队的力量之大，培养了团队合作意识和团队合作精神．

6. 增强写作技能、排版技术及计算机软件的应用能力

数学建模不光是建立数学模型、解决实际问题那么简单，最后要写成论文，记录大家的研究成果．我们写出来的论文要让其他人读懂，而且在中学生数学建模竞赛中对论文格式有严格的要求，这就锻炼了我们的写作能力和排版技术．在数学建模过程中，有一些数学问题人工求解很麻烦，需要借助计算机数学软件求解和画图，这就增强了学生对计算机软件的应用能力．

7. 培养了学生综合分析能力和思维能力

近几年中高考中出现了很多应用问题，所涉及的问题情境较复杂，学生在解答时往往受到思维定势的影响，不自觉地沿用固有的分析思路，思维显得比较狭窄，方法比较单一，有时还会因为方法不当而不得其解．如果我们在平时教学的过程中，将数学建模思想应用到中学数学教学中，注意引导学生从多方面思考问题，养成良好的分析问题习惯，这无疑对培养学生综合分析能力和思

维能力很有益处.

8. 帮助教师转变教学观,更有利于发挥教师的主导作用和学生的主体作用

教师的主导作用体现在创设好的问题环境,激发学生自主探索解决问题的积极性和创造性上;学生的主体作用体现在问题的探索、发现、解决的深度和方式尽量由学生自主控制和完成. 它体现了教学过程重心由以教为主向以学为主转移. 课堂的主要活动不应都是教师的讲授,而应是学生自主的学习、讨论、调查、探索、解决问题. 教师要自觉适时地改变自己的教育角色,平等地参与学生的探索、学习活动. 数学建模活动就为教师和学生提供了这样一个平台,可以充分发挥教师的主导作用和学生的主体作用.

四、如何在中学数学教学中渗透数学建模核心素养

1. 在教学内容上渗透

数学知识只有同实际问题联系起来,才能真正体现出它的价值,才能有更强的生命力. 数学建模是用数学解决实际问题的桥梁. 在数学教学中,我们不仅要让学生学会数学概念、方法和结论,而且应该在传授数学知识的同时,使他们学会数学的思维方法,领会数学的精神实质,知道数学的来龙去脉. 所以,在数学教学内容中渗透数学建模思想,可以体现数学知识的现实价值,揭示数学概念和公式的来源和实际应用,建立数学与外界世界的联系. 教师在适当的地方运用恰当的数学建模实例和合适的教学方法进行教学可以给学生留下深刻的印象,提高学生学习数学的兴趣.

2. 在教学过程中的渗透

在数学建模教学活动中,教师应让学生经历数学建模活动的全过程. 模型思想的建立,需要人们亲身的经历. 要使学生逐步建立模型思想,最有效的方法是让他们真正投入到数学建模活动的全过程中. 教师要鼓励学生积极投入到建模活动中,留给他们足够多的动手实践和独立思考的时间与空间,让学生在现实情境中体会模型思想对生活的影响,并在此基础上加强与同伴的合作与交流. 教师要让学生在亲身经历解决实际问题的过程中体会数学模型思想的魅力,并注重所学内容与日常生活、社会环境和其他学科的密切联系,使学生能运用数学建模思想解决一些简单的实际问题.

3. 在习题训练中渗透

之前我介绍了中学数学中常用的数学模型,同时,我们看到中学许多应用

题都是运用数学建模思想解答的．所以，在平时做练习的过程中，教师要适当引导学生运用数学建模思想，将数学知识与实际接轨，使学生逐渐养成良好的思维习惯，增强数学应用意识．

4. 数学建模是一个有序推进、不断深化的过程

学生学习数学建模思想需要经历一个长期的、不断积累经验、不断深化的过程，需要教师在数学教学实践中结合数学知识的教学反复渗透建模思想，重视数学模型的应用，引导学生用数学模型来描述身边的自然现象和社会现象．所以，要使学生能灵活应用数学建模的思想解决问题，不是一节课或一两个例题的讲述就能完成的，需要教师有计划、有步骤地分步实施，才能收到水到渠成的效果．

综上研究，将数学建模核心素养应用于中学数学教学之中是符合现代教育观念，适应社会发展方向的．只要我们在日常生活和教学中，把数学教学与数学建模有机结合起来，在数学教学的各个环节中注意渗透建模思想，加强学生建模意识的培养，就能使学生自觉地应用数学知识、方法去观察、分析、解决实际问题，积极主动地建构自己的认知结构，促使学生由知识型向能力型转变，为全面推进素质教育做出应有的贡献．

参考文献：

[1] 姜启源，谢金星，叶俊．数学模型 [M]．（第三版）．北京：高等教育出版社，2003（8）：3-4．

[2] 程晓亮，刘影．数学教学实践·初中分册 [M]．北京：北京大学出版社，2010（2）：7-8．

[3] 刘影，程晓亮．数学教学实践·高中分册 [M]．北京：北京大学出版社，2010（2）：2-3．

[4] 沈龙明．学科有效学法指导丛书·初中数学 [M]．合肥：安徽教育出版社，2011（4）：74-83．

[5] 天利全国高考命题研究组．最新五年高考真题汇编详解 [M]．西藏人民出版，2018（7）：3-4．

[6] 徐海平．谈初中数学模型思想的渗透 [J]．中国科教创新导刊，2010（36）．

[7] 吴正，张维忠．数学模型方法的教育价值浅议 [J]．中学数学教学参考，1998（Z2）．

［8］嵇尚军．例谈课本教学中建模思想的渗透［J］．新课程（上），2011（10）．

［9］杨天赋，孙卫红．数学教学中数学建模思想渗透［J］．内江师范学院学报，2008，23（12）．

［10］杨慧君．用"建模"思想改革数学课堂：中学数学教学中建模思想的渗透［J］．商情·科学教育家，2008（3）．

浅谈解三角形中最值（取值范围）问题的解法研究

蔡志鹏，男，出生于 1986 年 2 月，籍贯广东省汕头市潮阳区，理学学士，高中数学一级教师，主要研究方向是高中数学不等式问题.

一、函数法

将所求的边、角、面积或周长选择用合适的变量——"边"或"角"表示出来，利用均值不等式或三角函数的有界性求解.

【例 1】

（2014·全国卷 I）已知 a，b，c 分别为 $\triangle ABC$ 的三个内角 A，B，C 的对边，$a = 2$，且 $(2+b)(\sin A - \sin B) = (c - b)\sin C$，则 $\triangle ABC$ 面积的最大值为_____.

解析： 由正弦定理得 $(2+b)(a-b) = (c-b)c$，即 $b^2 + c^2 - a^2 = bc$，所以 $\cos A = \dfrac{b^2 + c^2 - a^2}{2bc} = \dfrac{1}{2}$，又 $A \in (0, \pi)$，所以 $A = \dfrac{\pi}{3}$，又 $b^2 + c^2 - a^2 = bc \geqslant 2bc - 4$，即 $bc \leqslant 4$，故 $S_{\triangle ABC} = \dfrac{1}{2}bc\sin A \leqslant \dfrac{1}{2} \times 4 \times \dfrac{\sqrt{3}}{2} = \sqrt{3}$，当且仅当 $b = c = 2$ 时等号成立，则 $\triangle ABC$ 面积的最大值为 $\sqrt{3}$.

评注： 本题求出 $A = \dfrac{\pi}{3}$ 之后，由面积公式 $S = \dfrac{1}{2}bc\sin A = \dfrac{\sqrt{3}}{4}bc$ 得面积 S 可用变量 b 和 c 表示出来，因此，在等式 $b^2 + c^2 - a^2 = bc$ 中，利用均值不等式 $b^2 + c^2 \geqslant 2bc$，即可求出 bc 的最大值，进而得到面积 S 的最大值.

【例2】

已知 a，b，c 分别为 $\triangle ABC$ 的三个内角 A，B，C 的对边，$A = \dfrac{\pi}{3}$，$a = \sqrt{3}$，则 $\triangle ABC$ 周长的最大值为_____．

解析： 由余弦定理得 $a^2 = b^2 + c^2 - 2bc\cos A$，即 $3 = b^2 + c^2 - bc$，即 $3 = (b + c)^2 - 3bc$，即 $(b + c)^2 - 3 = 3bc \leqslant 3\left(\dfrac{b + c}{2}\right)^2$，解得 $b + c \leqslant 2\sqrt{3}$，当且仅当 $b = c = \sqrt{3}$ 时等号成立，即周长 $l = a + b + c$ 的最大值为 $3\sqrt{3}$．

评注： 由于周长为 $l = a + b + c$，因此求周长的最大值即求 $b + c$ 的最大值，由余弦定理得 $a^2 = b^2 + c^2 - 2bc\cos A$，在等式 $3 = b^2 + c^2 - bc$ 中，通过配凑或者利用均值不等式构造出关于 $b + c$ 这个整体的不等式，即可求周长 l 的最大值．

【例3】

（2011·全国卷Ⅰ）在 $\triangle ABC$ 中，$B = 60°$，$AC = \sqrt{3}$，则 $AB + 2BC$ 的最大值为_____．

解析：（法一）$B = 60°$，$b = \sqrt{3}$，$\therefore a^2 + c^2 - ac = 3$，令 $t = c + 2a$，$\therefore c = t - 2a$，即原命题转化为关于 c 的一元二次方程 $(t - 2a)^2 + a^2 - (t - 2a)a = 3$ 有解，由判别式 $\Delta \geqslant 0$ 解出 t 的最大值为 $2\sqrt{7}$．

（法二）由正弦定理得 $\dfrac{AB}{\sin C} = \dfrac{\sqrt{3}}{\sin 60°} = \dfrac{BC}{\sin A}$，$\therefore AB = 2\sin C$，$BC = 2\sin A$．又 $A + C = 120°$，$\therefore AB + 2BC = 2\sin C + 4\sin(120° - C) = 2(\sin C + 2\sin 120°\cos C - 2\cos 120°\sin C) = 2(2\sin C + \sqrt{3}\cos C) = 2\sqrt{7}\sin(C + \alpha)$，其中 $\tan\alpha = \dfrac{\sqrt{3}}{2}$，$\alpha$ 是第一象限角，由于 $0° < C < 120°$，因此 $AB + 2BC$ 有最大值 $2\sqrt{7}$．

评注： 已知 $\triangle ABC$ 的一边及对角，利用余弦定理 $b^2 = a^2 + c^2 - 2ac\cos B$，可得 $a^2 + c^2 - ac = 3$，而最终需要我们去求 $a + 2c$，因此我们需要从得到的条件中去构造出 $a + 2c$，再利用方程有根去求解，但是这种方法比较难想到，如果继续一味地去构造将得不偿失．所以，我们应该改变思路，选择从角来入手，利用正弦定理把边化角转化为三角函数，再利用有界性求解，这将事半功倍．

二、不等式法

利用三角形的边角关系，构造关于所求边、角、面积或周长的不等式（组），再解不等式（组）求解．

【例4】

已知 $\triangle ABC$ 的三个内角 A，B，C 的对边 a，b，c 成等比数列，则 $\dfrac{\sin B}{\sin A}$ 的取值范围是_____.

解析： 设等比数列 a，b，c 的公比为 q，则 $\dfrac{\sin B}{\sin A} = \dfrac{b}{a} = q$，因此只需求 q 的取值范围. 由三角形两边之和大于第三边得 $a + b > c$，$a + c > b$，$b + c > a$，即 $a + aq > aq^2$，$a + aq^2 > aq$，$aq + aq^2 > a$，即 $1 + q > q^2$，$1 + q^2 > q$，$q + q^2 > 1$，解不等式得 $\dfrac{\sqrt{5}-1}{2} < q < \dfrac{\sqrt{5}+1}{2}$，所以 $\dfrac{\sqrt{5}-1}{2} < \dfrac{\sin B}{\sin A} < \dfrac{\sqrt{5}+1}{2}$.

评注： 借助三角形任意两边之和大于第三边，列出关于 q 的不等式组，解不等式得到 q 的取值范围.

【例5】

已知锐角三角形的边长分别为 1，3，a，则 a 的取值范围是_____.

解析： 因为三角形的三边长为 1，3，a，所以满足任意两边之和大于第三边，即有 $1 + a > 3$ 且 $1 + 3 > a$，解得：$2 < a < 4$，其次，三角形是锐角三角形，即最大角为锐角，故最大角的余弦为正值，即有 $\dfrac{1 + a^2 - 3^2}{2 \times 1 \times a} > 0$，且 $\dfrac{1 + 3^2 - a^2}{2 \times 1 \times 3} > 0$，解得 $2\sqrt{2} < a < \sqrt{10}$，所以 a 的取值范围是 $2\sqrt{2} < a < \sqrt{10}$.

评注： 列不等式组时要充分考虑围成三角形时任意两边之和大于第三边，锐角三角形最大角为锐角，其余弦值为正值即可构造相关的不等式.

三、解析法

解析法强调用代数的方法来研究几何问题，从而联通几何与代数，在解三角形的最值（取值范围）问题中，引入解析法可以实现巧妙求解.

【例6】

在平面四边形 $ABCD$ 中，连接对角线 BD，已知 $CD = 9$，$BD = 16$，$\angle BDC = 90°$，$\sin A = \dfrac{4}{5}$，则对角线 AC 的最大值为_____.

解析： 如图1所示，由于 $\sin A = \dfrac{4}{5}$，$BD = 16$ 为定值，故 A 在以 BD 为弦的圆上运动，由正弦定理得 $2R = \dfrac{16}{\sin A} = 20$，$R = 10$（其中 R 是 $\triangle ABD$ 的外接圆半

径），故圆心的坐标为（8，－6），AC 的最大值即为 CA' 的值，也即是 $CO + R$ 的值，由两点间的距离公式有 $CO + R = \sqrt{8^2 + 15^2} + 10 = 27$．

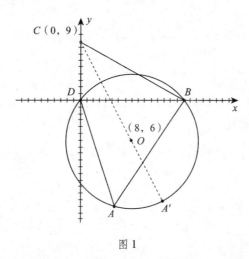

图 1

评注： 本题已知三角形的一边及其对角，由正弦定理得知 $\triangle ABD$ 的外接圆半径确定，即动点 A 可视为在以 BD 为弦的圆上运动，利用圆的性质，可知 AC 的最大值为定点 C 到圆心的距离再加上半径 R 即可．

【例 7】

（2016·广州市二模）在 $\triangle ABC$ 中，a，b，c 分别为内角 A，B，C 的对边，且满足 $a + c = 4$，$(2 - \cos A) \tan \dfrac{B}{2} = \sin A$，则 $\triangle ABC$ 的面积的最大值为

_____．

解析： 由 $(2 - \cos A) \tan \dfrac{B}{2} = \sin A$，得 $(2 - \cos A) \dfrac{\sin B}{1 + \cos B} = \sin A$，即 $(2 - \cos A) \sin B = \sin A (1 + \cos B)$，即 $2\sin B = \sin A + \sin A \cos B + \cos A \sin B = \sin A + \sin (A + B) = \sin A + \sin C$，由正弦定理得 $2b = a + c$，又 $a + c = 4$，所以 $b = 2$，所以 $|BA| + |BC| = 4 > |AC| = 2$，即点 B 在以 A，C 为焦点的椭圆上，以 AC 所在直线为 x 轴，AC 中垂线所在直线为 y 轴建立直角坐标系，$B(x, y)$ 的轨迹方程为 $\dfrac{x^2}{4} + \dfrac{y^2}{3} = 1$（$|x| \neq 2$，$|y| \in (0, \sqrt{3})$），所以 $S_{\triangle ABC} = \dfrac{1}{2} |AC| |y| \leqslant \dfrac{1}{2} \times 2 \times \sqrt{3} = \sqrt{3}$，则 $\triangle ABC$ 的面积的最大值为 $\sqrt{3}$．

评注： 本题看似与解析法无关，实则暗藏了动点的轨迹问题，从而实现移花接木．运用解析法来求解这类问题，可以避免繁琐的三角计算，简洁明了地

获得问题的正确答案.

四、极限法

利用极限思想,确定动点或动直线的极限位置,进而得到所求边、角、面积或周长的最值(取值范围).

【例8】

(2015·全国卷Ⅰ)在平面四边形 $ABCD$ 中,$\angle A = \angle B = \angle C = 75°$,$BC = 2$,则 AB 的取值范围是_____.

解析:如图2所示,延长 BA,CD 交于点 E,设想将 DA 进行上、下平移,其极限位置向下为 CA',向上退化为一点 E.

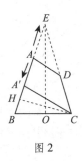

图2

(1)当向下平移到 CA' 时,$BA' = 2BC\cos75° = \sqrt{6} - \sqrt{2}$.

(2)当向上退化为一点 E 时,$BE = \dfrac{BO}{\cos75°} = \sqrt{6} + \sqrt{2}$.

故 AB 的取值范围为 $(\sqrt{6} - \sqrt{2}, \sqrt{6} + \sqrt{2})$.

评注:本解法利用极限思想找到取值范围的临界值,进而将问题范围转化为解三角形问题,大大降低了问题求解的难度,当然本题也可以通过构造目标函数来求解,但计算过程较为烦琐且易出错.

通过对以上例题的分析,我们发现涉及三角的最值(取值范围)问题虽然具有一定的综合性和灵活性,但只要我们能结合题意从实际出发,选取恰当的方法策略就能使问题得到较好的解决.因此,教师在平时的教学过程中,不仅要注重对解题方法的总结归纳,更应注重学生数学思想方法的生成、发展、内化、升华过程,以达到举一反三触类旁通的效果.

参考文献:

[1] 张雪玉.关于解三角形中最值和范围的思考 [J].新课程(中学),

2017（4）：116.

［2］张来平. 一道三角形中的最值问题的解法探究及推广［J］. 福建中学
数学，2017（8）：37－41.

［3］张战胜. 三角形中的最值与范围问题［J］. 中学数理化. 学研版，
2014（4）：24.

［4］任宪伟，范景华. 多视角思考三角形面积最值问题［J］. 中学生数
学，2017（9）：17－19.

中学数学建模的困难与教学策略

湛江市第二十八中学　全应毅

作者简介

全应毅，男，1977 年生，湛江人，本科学历，中学数学高级教师，主要研究初等数学．

20 世纪下半叶以来，数学最大的变化和发展是应用，数学几乎渗透到所有学科领域．为了适应数学发展的潮流和未来社会人才培养的需要，增加数学同日常生活、生产的联系是世界数学教育发展的总趋势．近年来，我国的数学应用也不断得到重视与加强，九年义务教育数学课程标准指出："数学作为一种普遍适用的技术，有助于人们收集、整理、描述信息，建立数学模型、进而解决问题．"还强调"从学生已有的生活经验出发，让学生亲身经历将实际问题抽象成数学模型并进行解释与应用的过程，进而使学生获得对数学理解的同时，在思维能力、情感态度与价值观等方面得到进步和发展．"近两年，中考数学应用题出现了许多情境新颖、富有时代气息、贴近生活实际的新题型——数学建模题，它充分体现了新课标的要求，是中考命题的大趋势．这类题型与传统题型相比较，非数学背景材料较为复杂，数学结构较为隐蔽，数学化比较困难．这就要求数学教学要重视这类新题型的训练，要引导学生善于将所学知识和方法灵活运用于生活实践情境，这就是数学建模的教学．可见数学建模教学是一个引导学生学数学、做数学、用数学的过程，这对于提高学生数学素质，培养创新能力大有益处，也是由应试教育向素质教育转变的一条有效途径．本文就中学数学建模教学过程中遇到的问题谈谈个人的见解．

一、数学建模的困难

数学模型是指对于现实世界的一个特定对象，为了一个特定的目的，根据特有的内在规律，做出一些必要的简化假设，并应用适当的数学工具，得到的一个数据结构．它来源于生活的实际，尽量少加工，保持实际问题的原汁原味；它以解决问题为中心，不以数学知识的训练和考核为重点；它往往没有一般数学问题的特征：条件的充分性，结论的唯一确定性，数学知识的规范性．而对数学模型求解，解释，验证，从而确定能否应用于解决实际问题的不断深化、不断循环的过程称为数学建模．这种波浪式前进或螺旋式上升的深化与循环贯穿于整个数学建模过程的始终．数学建模的一般过程可用如下流程图（图1）表示：

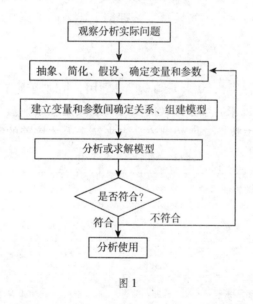

图1

由此可见，在数学建模的一般过程中，最关键的步骤是将实际问题数学化为数学模型．从数学建模的教学过程中发现，学生感到最困难的是将实际问题数学化，主要困难有如下几种．

1. 缺乏建立数学模型的信心

与纯粹的数学问题相比，实际问题的文字叙述更贴近现实生活，题目相对较长，数据相对较多，数量关系也显得更隐蔽．因此，面对冗长的非形式化的素材，许多学生常常感到困惑、焦虑，久而久之便形成了惧怕数学建模的心理，这主要表现在：在信息接纳过程中，受问题提供信息的顺序、过多干扰语句的影响，许多学生读不懂题目，只好放弃；在信息加工过程中，受数学阅读能力、分析能力和数学基础知识的影响，许多学生往往缺乏整体把握问题结构的能力；在信息提炼过程中，受数学语言转换能力的影响，许多学生无法将实际问题和数学模型相联系，缺乏实际问题数学化的能力．

而数学建模活动是一种创造性的数学活动，它要求学生具有良好的思维品质，如自觉的创新意识、强烈的好奇心、积极的求知欲、稳定的情感、顽强的毅力等．许多学生由于不具备或不完全具备以上思维品质，在面对数学建模问题时往往缺乏足够的信心．

2. 不理解实际问题中的一些名词术语

数学建模问题中往往含有许多其他学科领域的名词术语，学生很少甚至没有听说过这些名词术语，也就无法理解题意，比如日常生活中的利率、利润、折扣、纳税率、折旧率等．如果学生不理解上述名词术语，就很难理解题目的意思，更谈不上建立数学模型了．

【例 1 】

某人计划向银行贷款 20 万元购车，计划用 5 年时间逐月等额归还．请你根据"购车贷款年期利率一览表"（表 1），计算从月初贷款到次月开始还款的每月还款额．

表 1　购车贷款年期利率

贷款年期	利率
1 年	5.58%
2~3 年	5.94%
4~5 年	6.03%

许多中学生由于不熟悉下列名词术语：购车贷款年期利率一览表、利率、月利率，因此很难建立一个符合题意的数学模型．

3. 缺乏处理实际问题中庞杂数据的适当方法

很多实际问题涉及大量数据，而且这些数据看起来好像没有规律，学生在面对如此庞杂的数据时常常手忙脚乱，不知道该从哪里下手，找不到建模的突破口和关键点．

【例 2】

某建筑公司急用普通水泥 230t，钢材 168t. 现有 A、B 两种型号的货车 40 辆可供使用，A 型车每辆最多可装普通水泥 6t，钢材 4t，运费 190 元；B 型车每辆最多可装普通水泥 5t，钢材 5t，运费 200 元. 问：

（1）要安排 A、B 两种型号的货车来运输，有几种方案？请你帮该公司设计；

（2）哪种运输方案的运费最省？为什么？

生活中经常会碰到类似于本例的问题，这类问题的主要困难在于如何从表面杂乱无章的现象中抽象出恰当的数学问题.

4. 缺乏把实际问题数学化的经验

数学内容呈现的形式是多种多样的，有的是函数形式，有的是方程形式，有的是图形形式，有的是不等式形式，有的是概率统计形式，还有其他形式的数学模型. 就一个具体的实际问题来说，判断这个实际问题与哪些数学知识相关、用什么样的数学方法解决是学生普遍感到困难的地方. 例如，学生在读完实际问题之后，教师问他们想用什么数学知识来解决，许多学生无法回答，其主要原因就是学生在把实际问题转化为数学问题的环节上存在着困难，缺乏把实际问题数学化的经验.

二、克服数学建模困难的策略

要消除学生数学建模的障碍，教师可从以下几点入手：

（一）培养学生数学建模的兴趣和自信心

自信心是一个人学习的前提，也是一个人将来进入社会必须具备的心理素质. 在数学建模教学中，教师应意识先行，重视并在自己的能力范围内因地制宜地收集、编制、改造一些既适合学生使用，又贴近学生生活实际的数学建模问题，同时注意问题的开放性和可扩展性，借此来更有效地激发学生的学习兴趣和求知欲望，使学生体验身边的数学，享受成功的乐趣，进而形成数学建模的自信心.

【例 3】

"马能否跳回原位"问题：在中国象棋盘上有一只马（如图 2），问它跳七步能回到原来的位置吗？

探究：建立直角坐标系（如图 3），设这只马的坐标 $P(x_0, y_0)$，则根据象棋规则中马的跳法（马走日字步），则 P 点可能的平移向量为：

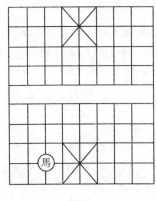

图 2

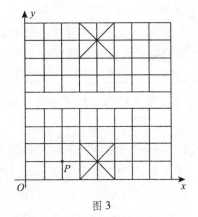

图 3

$(1, 2)$, $(1, -2)$, $(-1, 2)$, $(-1, -2)$, $(2, 1)$, $(2, -1)$, $(-2, 1)$, $(-2, -1)$. ①

设每次的向量平移为：(x_1, y_1), (x_2, y_2), (x_3, y_3), (x_4, y_4), (x_5, y_5), (x_6, y_6), (x_7, y_7). 当马跳第一步之后坐标为 $(x_0, y_0) + (x_1, y_1)$,

当马跳第二步之后坐标为 $(x_0, y_0) + (x_1, y_1) + (x_2, y_2)$,

……

当跳完 7 步之后，马的坐标即为：

$(x_0, y_0) + (x_1, y_1) + (x_2, y_2) + (x_3, y_3) + (x_4, y_4) + (x_5, y_5) + (x_6, y_6) + (x_7, y_7)$.

若能回到原位，则

$(x_0, y_0) + (x_1, y_1) + (x_2, y_2) + (x_3, y_3) + (x_4, y_4) + (x_5, y_5) + (x_6, y_6) + (x_7, y_7) = (x_0, y_0)$.

即 $(x_1, y_1) + (x_2, y_2) + (x_3, y_3) + (x_4, y_4) + (x_5, y_5) + (x_6, y_6) + (x_7, y_7) = (0, 0)$.

可见，平移向量 (x_i, y_i), $i = 1, 2, 3, 4, 5, 6, 7$, 只能在①中取，但是若把①中的 8 个向量相加则有：

$(1, 2) + (1, -2) + (-1, 2) + (-1, -2) + (2, 1) + (2, -1) + (-2, 1) + (-2, 1) = (0, 0)$.

在这 8 个向量中，任意去掉一个平移向量，都不能使向量和为 $(0, 0)$，因此在实际操作中，马跳 7 步后不能回到原位.

思考： 怎么样才能使马跳回原位呢？

如果要让马能跳回原位，则要在 $-1, 1, 2, -2$ 中组合出横、纵坐标和都为 0 的平移向量，而且由于每个平移向量的横坐标之后只能是 1，–1，3，–3，进而分析得：当走的步数是奇数步的时候，都不能组合出所有的横、纵坐标和都为 0 的平移向量，不可能跳回原位．如果这只马跳了几步后回到了原来的位置，那么它跳的步数必定是偶数．

许多中学生都有下象棋的经验，因此这道题能立即吸引学生的注意力，产生探索的兴趣．而且学生在完成此建模之后常常发出这样的感慨：原来象棋里还隐含了这么多的数学知识，真有趣．看来数学并不只是"纸上谈兵"，还能解决生活中的一些实际问题．这时教师可进一步引导学生：只要我们平时用心观察，就会发现生活中还有许多有趣的数学建模题目．

（二）在日常的数学教学中，要有针对性地培养学生的数学语言能力和数学阅读能力

1. 培养学生的数学阅读能力

著名数学教育家斯托利亚尔说过，数学教学也就是数学语言的教学．因此，数学教学必须重视学生数学阅读能力的培养，数学阅读能促进学生语言水平及认知水平的发展，有助于学生自学能力的培养，有助于学生深刻地理解数学知识．因此，我们不仅要重视培养学生的数学阅读能力，还要注重教会学生科学合理的数学阅读方法，让学生认识到数学阅读的重要性，使学生体验数学阅读的乐趣，让学生感悟数学阅读对学习的帮助，从而养成主动的、良好的数学阅读习惯．具体地说，教师在教学过程中要注意以下几个方面：

（1）让学生在阅读完题目后进行分析思考，说出题目提供的信息条件、解题思路及具体的解题方法等．比如，让学生说出题目大意，也可让学生仔细剖析字句，甚至在学生形成解题思路后说出具体的解题步骤；

（2）适当地组织课堂讨论，课堂讨论由教师组织，要求学生在独立思考的基础上，以小组或班级讨论的形式围绕话题发表见解，讨论时学生可以运用数学语言进行提问、反驳、论证，并与他人的思想进行交流，以增进对知识的理解；

（3）要求学生撰写建模论文，让学生把他们数学建模的具体模型、思考过程和情感体验用文字的形式记录下来，以便进行更广泛的交流．

2. 培养学生感悟关键信息的能力

实际问题的特点是语句冗长、数据多、变量多、数量关系隐蔽，问题提供的信息大都是"生活化"而非"数学化"的．因此，学生对信息的感悟能力较差，对已知与所求之间的关系认识不明确，若从局部入手，则拘泥于枝节，不易突破；若从整体入手抓住本质关系，往往可以出奇制胜．尤其在面对大量数据时，教师一定要让学生学会使用表格，将数据条理化，理顺各种关系，建立起直观的数学信息图，这时就可摆脱复杂的问题情境，将思维聚集于条理化的数据信息，从而有效地建立数学模型．

下面我们来求解上面的例2，由于本题中的数据多，学生普遍感到无从下手，教学时教师应先引导学生将问题的信息浓缩为下表，并用简洁的形式表示出来．

表2　A、B型汽车运输信息

汽车型号	A 型	B 型
水泥（吨）	≤6	≤5
钢材（吨）	≤4	≤5
运费（元）	190	200

由表2中信息可知，此题应考虑建立不等式方程的数学模型来进行求解，不等式应用的难点是要通过题意找到不等关系，同时，还要考虑应用题中的现实意义．通常不等式应用与函数应用有着紧密的联系．

解：（1）设安排A型货车x辆，B型货车（$40-x$）辆运输，则依题意有：

$$\begin{cases} 6x+5（40-x）\geqslant230, \\ 4x+5（40-x）\geqslant168, \end{cases}$$

解得：$30\leqslant x\leqslant32$.

由x为正整数，取$x=30$，31，32，故有三种方案：

① 安排A型车30辆，B型车10辆；

② 安排A型车31辆，B型车9辆；

③ 安排A型车32辆，B型车8辆；

（2）设总运费为y元，由（1）知$y=190x+200（40-x）=8000-10x$，

可见，y是x的一次函数，因为$-10<0$，所以，y随x增大而减小，故当$x=32$时，$y=8000-10\times32=7680$（元），y值最小．

所以，第③种方案运输所花的费用最小．

答：（1）安排A、B两种型号的货车来运输有三种方案；（2）使用第三种方案运输所花的费用最小．

3. 培养学生的数学语言能力

（1）培养学生的数学语言能力主要包括以下两个方面：一是掌握数学语

言，包括接受和表达两种方式，二是帮助学生掌握好非数学语言和数学语言以及各种数学语言的互译转化.

（2）教师在教学中应做好以下的工作：一是要注重语义和句法的教学，斯托利亚尔指出，语义教学和句法教学这两方面都非常重要，若局限于语义教学，学生将不会使用形式的数学工具，进而不会用它们解决问题；若局限于句法教学，学生将不理解数学语言表达的意义，不能把非数学的问题转化为数学问题，他们的知识将是形式主义的和无益的；二是要注重数学语言互译的练习. 教材上的数学概念、定理等往往只是用一种数学语言表述的，学生要真正理解和运用它们，必须能灵活运用文字语言、图形语言和符号语言进行表述. 如立体几何中的定理是用文字叙述的，在证明时又是借助符号语言的，而图形语言则是作为文字语言和符号语言的补充，为数学思维活动提供直观模型. 因此，教学中应注重这三种语言的转化.

三、要重视数学应用题的教学，培养学生的数学应用意识

在进行新内容的教学时，教师可设计一些与之相关的建模题目进行教学. 把数学建模与现行数学教材和学生生活经验有机地结合起来，使其既能促进教材知识的学习和理解，又能成为一种数学教育活动.

在学习了黄金分割的知识后，教师就可引导学生运用它来求解下面的例题.

【例4】

现在的女孩子都喜欢穿高跟鞋，是不是每个女孩子都适合穿高跟鞋呢？高跟鞋后跟的高度有几种规格，那什么样的身高适宜穿什么样的规格？

分析：因为研究表明，当一个人的下肢高度和全身高的比例正好是黄金分割时，人看起来最美.

解：设某女孩下肢躯干部分长 X 厘米，身高 L 厘米，鞋跟高 D 厘米，我们知道黄金分割为 $\dfrac{\sqrt{5}-1}{2} \approx 0.618$，由此模型，可计算出一个女孩子应该穿多高的鞋子.

计算公式：$\dfrac{X+D}{L+D} \approx 0.618$。

以身高 168 厘米，下肢长 102 厘米的人为例，所穿鞋子高度与好看程度的关系可由下表说明：

表3 鞋子高度与好看程度的关系

身高（厘米）	下肢长（厘米）	原比例	鞋跟高（厘米）	现比例
168	102	0.607143	2.5	0.612903
168	102	0.607143	3.55	0.615273
168	102	0.607143	4.5	0.617391
168	102	0.607143	5	0.618497

由此可见，这个女孩最适宜穿后跟高为5厘米的高跟鞋. 我们也可以计算出一个关于鞋跟高度 D 的公式：

$$D = \frac{0.618L - X}{1 - 0.618} = \frac{0.618L - X}{0.382}.$$

根据这个公式，我们可以知道一个身高153厘米，下肢长为92厘米的女士，穿6.7厘米的高跟鞋显得比较美.

爱美是人的天性，尤其是女孩子，对美更加敏感. 这个例题能够迅速抓住学生的探索兴趣，从而自觉地参与到建模活动中. 在教学中，教师因地制宜地选取教材，做到了既能培养学生的建模兴趣，还能培养学生的数学应用意识，从而达到事半功倍的效果.

综上所述，数学建模是对于实际问题，如何舍弃问题中与数学无关的非本质因素，抽取出问题的数学本质，建立适当的数学模型，并对数学模型求解，解释，验证，从而确定能否应用于解决实际问题的不断深化、不断循环的过程. 在建模教学中，教师通过培养学生的数学语言能力和数学阅读能力，提高学生的建模兴趣和信心，从而消除学生惧怕数学建模的心理. 学生经过数学建模活动，可以切身体验到数学并非只应用于数学本身，数学完全可以解决现实生活和其他学科中的问题，数学完全可以在现实生活和其他学科中找到用武之地.

参考文献：

[1] 徐斌艳. 数学课程与教学论 [M]. 浙江教育出版社，2003.

[2] 吕杨春. 生活中的实例与数学建模 [J]. 高中数学教与学，2006（8）.

[3] 张俊. 解应用题的建模方法 [J]. 中学教与学，2006（1）.

探析数学笔记促进初一学生自主学习的学法策略

广州市白云区三元里中学　肖　乐

作者简介

肖乐，女，1977年出生，陕西安康人，数学一级教师，广州市第四批骨干教师，广州市雷珮瑛名师工作室成员.

一、问题提出

升入初中后除了学科数量增多、知识量增大、内容更抽象、逻辑性更强等因素造成学生数学成绩逐渐下降外，还有一个重要的因素是学生缺乏良好的学习习惯、学习方法和学习策略. 数学笔记作为一种常见的学法策略和自主学习方式，为众多教师在教学实践中所使用. 由于有效笔记策略的缺乏，做笔记对于大多数学生来说只是一种"复制"，而不是"创作"，学生缺少对课堂笔记精细加工、整合反思、整理分类的意识，从而让做笔记陷入了尴尬的境地. 有没有一种笔记策略让学生从初一开始掌握并运用，能使他们养成良好的学习习惯，培养出在数学学科方面的自主学习能力，从而提升数学成绩，并为后继学习夯实基础？对此，笔者以人教版初一数学教学内容为例进行了深入探析.

二、数学笔记的内涵及其意义

首先，需要了解数学笔记的内涵. 数学笔记是指在课前预习阶段、课堂研习阶段和课后复习阶段，对学习内容进行记录、补充、加工和整合等步骤，最终形成智慧的结晶——高质量的数学笔记. 这三个阶段都涉及学生的自主学习能力，包括自我计划、自我监控、自我反省能力，具体来说是在学习活动之前，确定合理的目标与切合自身的学习计划，并做好学习准备的能力；在学习过程中，把握学习进度，选择合适的学习策略和方法，加深数学理解，不断趋近目标的能力；在学习后期对学习过程进行反思和评价，总结学习经验，评估学习结果的能力[1]. 本文将从以上几个维度探析学法策略，促进学生自主学习.

从上述数学笔记的内涵可见，做笔记有利于培养学生自主学习能力，是"道"重于"术"的表现. 在实际教学中，学生习惯于题海战术，在大量且重复性的题目中消耗了很多时间和精力，他们的数学思维发展缓慢，解决问题和创新能力不足，学习效率低下. 若能掌握有效的笔记策略之"道"，将有利于培养学生的计划、监控、反省等自主学习能力，养成良好的学习习惯，比掌握"术"——具体知识和解题技巧更有意义. 不仅如此，做笔记可以调动学生的口、眼、耳、心、手协同工作，在课堂上更有利于学生注意力的集中，课后通过查阅笔记、整理笔记、加工笔记，还能促进学生主动"复盘"所学知识，温故而知新.

此外，数学笔记中可适当加入图表，或使用思维导图等工具呈现知识架构. 有研究表明，图表组织策略能促进人脑对信息的深加工，这一认识过程能促进学生的主动学习，也有利于知识的概括理解、长时间记忆和利用，以及知识的内化与建构[2].

三、数学笔记培养学生自主学习能力的策略

1. 助力课前预习，培养自我计划能力

由于课堂时间有限，哪些笔记需要即时记录，哪些可以延后，这就需要对学习内容有所了解、有所规划. 学生可先纵览课本相关内容，划下重点，发现疑点，尝试推导定理公式，完成例题练习. 预习后，可将整个单元或者整节课的知识以思维导图形式呈现，如图 1 所示. 这种思维导图式笔记，就是把各主题之间的关系用图形表现出来，将主题的关键词与图像建立链接，从而使知识的记忆变得简单[3].

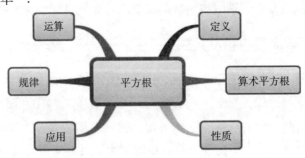

图 1　平方根单元预习导图

这个过程能促进学生认真阅读课本并思考，培养和提升自我规划能力.

2. 助力课堂研习，培养自我监控能力

课堂教学是数学学习中的重要环节，学生在此过程中，通过选择合理的笔记方法和内容，把握学习进度，最终趋近于自身发展目标，培养自我监控能力.学生越自觉主动地监控自己的学习行为，越能细致精确地进行心理加工，新学习策略的生成速度也就越快[4].

康乃尔笔记法，又称5R笔记法，它适用于一切课堂或自学场合.它包括五个方面：记录（Record）是指在听课过程中，在主栏内尽量记下内容；简化（Reduce）是指下课后，将这些论据、概念概括（简化）在副栏里；背诵（Recite）是指把主栏盖住，用回忆栏中的概要尽量地回忆起课堂内容；思考（Reflect）是指将自己的听课体会，写在笔记本的另一单独位置；复习（Review）是指每周花十分钟左右时间，快速复习笔记，先看副栏，适当看主栏[5].如图2所示，表中的"主栏"部分可以用来记录课堂板书、学习内容、例题、练习等；"副栏"用来写知识概要、重要提示等，这部分内容可以在课后完成；下面的横条部分可以记录体会、疑问、发现等.

副栏（课上填写）	主栏（课上填写）
及时回顾　记录要点 复习的同时理清思路 知识概要（图表） 重点 难点 考点 提示	康奈尔笔记法（5R笔记法） 使用发明这种笔记法的大学校名命名，这一方法几乎适用于一切讲授课或阅读课，特别是对于听课笔记。这种方法是记与学，思考与适用结合的有效方法 记录（Record）在新课过程中，在主栏内尽量记下讲课内容 简化（Reduce）下课后，将这些论语、概念概括（简体）在副栏里 背诵（Recite）把主栏盖住，用回忆栏中的概要尽量地回忆课堂内容 思考（Refiect）将自己的听课体会写在笔记本的另一单独位置 复习（Review）每周花10分钟左右时间，快速复习笔记，先看副栏，适当看主栏 老师的板书（有些内容书上有，可以在课后补充） 例题　练习
听课体会　不同想法　疑问	

图2　康奈尔5R笔记格式

可让学生运用这种方法去做数学笔记，图 3 是笔者学生的概念课的"5R"笔记．其中，"主栏"记录了《相交线》这节课的主要内容，"副栏"的知识概要是课后复习时写下的，下面的横条是本节课的收获："通过这节课的推理、动手操作等，我的空间观念得到了发展，推理和表达能力都有所提高。"这说明该生在本节课趋近其发展目标，正是自我监控能力的展示．

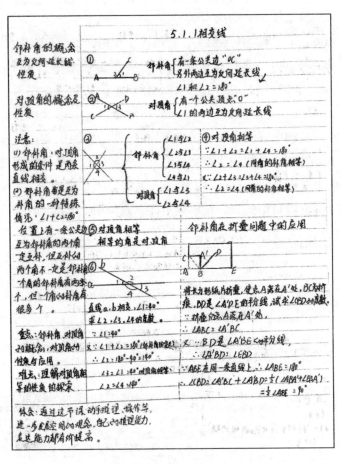

图 3　学生概念课笔记

3. 助力数学理解，培养总结概括能力

有研究表明，通过图表，可以清晰直观地感知知识点的构成以及它们之间的关系，有利于学生对知识的理解和掌握，促进信息的深加工．例如《整式》单元中关于同类项的定义，可用图 4 的"同类项"逻辑图呈现．又如在方程应用题教学中，可以使用表格来分析各个量之间的关系，并一一罗列出来，再利用相等关系列出方程．

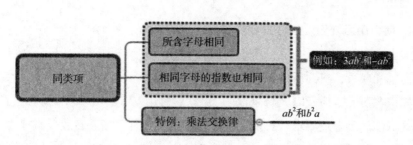

图 4　同类项逻辑图

数学笔记不仅要记概念原理、解题过程、方法技巧、解题策略，也要重视对数学思想方法的渗透和提炼．如图 5 所示的习题课笔记，学生总结出不规则图形可以通过平移转化为规则图形，提炼出"转化"的数学思想，这恰恰体现出数学笔记能促进学生自主学习，加深数学理解，并能培养出学生较强的总结概括能力和自我监控能力．

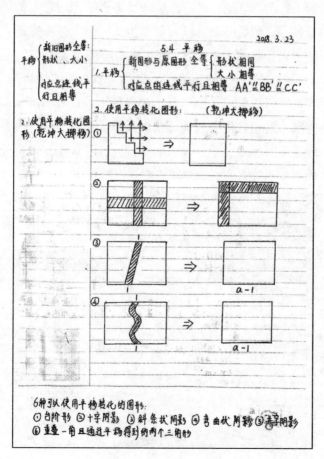

图 5　学生习题课笔记

4. 助力课后复习，培养自我反省能力

学生在课后还应根据笔记来组织复习，并与其他相关的知识进行纵向或横向的比较和联系，巩固所学知识并将其系统化．对于练习和测试中的错题所暴露的知识漏洞，也应及时"修补"，避免以后再错．错题本和思维导图这两种笔记形式，能满足上述要求，还能促进学生反思和评价，培养自我反省能力．

错题本是近年来特别提倡的一种学习方法，也是一种重要的笔记形式，它能弥补知识漏洞，梳理解题思路，寻找最优解法．具体来说，就是把相关题目抄在笔记本上，彻底弄懂解题过程后再做一次，对涉及的知识点和解题关键进行梳理加工，水平较高的同学还可进行一题多解、多题归一、规律探寻．错题本不但可以收集错题，也可以收集好题——经典问题、解法奇妙的题、多种解法的题等．

错题本有别于课堂类笔记，是一种整理反思类笔记．它不像课堂笔记那样形式单一，有章可寻，而是完全可以根据学生个人情况量身定制，其实是一种需要较强学习能力来驾驭的笔记形式．笔者观察学习基础较好、态度认真的同学，其错题本上所收集题目的知识脉络、思路分析、解答过程等都非常详尽，是该生进行自我反思后的成果；而一般生的错题本，只写出基本解题过程，甚至只有最后的答案，对题目没有任何加工和反思，两者相较，高下立现，错题本确实需要有较强学习能力的学生来驾驭．同时，前者在掌握有效的学习策略后，自我反省能力获得提升，成绩也获得明显提升．

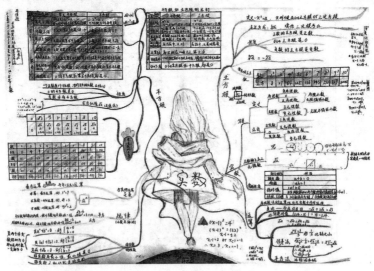

图 6　实数单元复习导图

值得一提的是，思维导图这种笔记形式可以构建单元知识网络，它把零散的知识点整合成网状结构，彼此之间紧密联系，有利于知识的理解和记忆．学生在绘制过程中，整个单元浮现于脑海中，几十页的课本内容浓缩在一张纸上，再加上自己的加工创造，这是一个把书读薄又读厚的过程．如图6所示是笔者的学生绘制的《实数》单元复习思维导图，该生还使用了大量的表格来展示本单元内容，内容详实丰富，画面简洁美观，说明该生对知识的加工整合及自我反省能力已达到一定的高度．

四、总结与展望

一项研究表明，对于基础好、学习能力强的学生，笔记策略对其提升空间有限，后进生的学习基础、态度、能力等因素严重阻碍了他们对知识的内化和建构，笔记策略亦对其收效甚微，而中等程度的学生在掌握了有效的笔记策略后，能获得明显进步．此结果也在笔者的研究中得到验证：在两个平行班中进行对照试验后发现，随着数学笔记学法策略的指导实施，逐渐掌握这种学法策略以后，中等程度学生的自主学习能力得到明显提升，他们成绩的提升也带动了班级成绩的整体提升．

当然，数学笔记策略的实施还应包括：教师给学生耐心示范各种类型笔记并让其模仿，学生在此过程中不断磨合出适合自身的笔记方法，进而创造出个性化的笔记；节奏快、容量大的多媒体教学虽然"高效"，但其知识点零散，结构性不强，这会给学生做记笔记带来困难，因此教师应板书重点知识，让学生有充分的时间记录、消化和思考；教师还应定期检查批阅、反馈笔记情况，对优秀笔记进行展示，增强学生做笔记的兴趣和动力．

前述中的数学笔记策略是把几种方法有机结合起来，在实践中摸索出的适合学生的方法．这些策略在培养中等程度学生的自我规划、自我监控、自我反省等能力，以及提升学习成绩方面效果显著，但针对后进生又该如何进行学法指导，还有待进一步研究．

（感谢广州市天河区教研室初中数学教研员刘永东老师对本文写作的指导和修改）

参考文献：

[1] 刘锦．初中生数学自主学习能力研究［D］．新乡：河南师范大学，2017.

［2］程云. 初三数学有效笔记策略研究［D］. 南京：南京师范大学，2013.

［3］樊琪，朱蕾. 中学生笔记策略及其干预研究［J］. 心理科学，2007，30（6）：1359－1362.

［4］周苹. 初中数学笔记的研究［D］. 苏州：苏州大学，2014.

［5］汪凤炎，燕良拭. 教育心理学新编［M］. 广州：暨南大学出版社，2006：57－58.

刍议小学数学与初中数学教学的有效衔接

肇庆鼎湖中学　梁广星

::: 作者简介

梁广星，男，1982 年出生，籍贯肇庆，学士学位，初中一级教师，主要从事初中教育教学的研究．

初一数学是中学数学的基础，然而从小学升到初中后，发现不少学生不适应初中数学的学习，学习成绩出现滑坡的现象，甚至产生厌学抵触的情绪．因而，如何做好中小学数学教学的衔接，以学生为主体，使中小学的数学教学具有连续性、统一性和系统性是摆在我们教师面前的一项重要任务．而要做好这项工作，需要教师通过系统的学习和研究小学与初中数学的教学内容，掌握不同学段学生的年龄特点与心理特征，找准新旧知识的衔接点，做到有的放矢，从而真正提高数学教学的质量．在此，本人谈谈对小学与初中数学教学有效衔接的一些思考．

一、小学和初中数学教学的联系

小学和初中数学教学是密不可分的两部分．小学数学是初中数学的基础，而初中数学是小学数学的延续．数学课程内容是按照"螺旋上升"来呈现的，即课程的内容会不断重复出现，但重复出现的内容在广度和深度上是有所加强的．初中的代数、几何、统计三大内容在小学或多或少都有过简单的渗透，初中数学只是对小学知识的深化和扩展．例如，小学研究的数是整数和分数，但到了初中，由于生活、生产的需要，引入了负数和无理数，数的范围扩大到实数．因此，小学数学和初中数学具有千丝万缕的关系．

二、小学和初中数学教学的区别

1. 年龄特点、心理特征的差异

学生从小学到初中，其心理和生理上都在逐步发展成熟．小学生注意力集中时间短，以具体形象思维为主逐渐过渡到抽象逻辑思维，不能将事物与事物联系起来，抽象思维仍要直接借助感性经验，思维发展经历从具体到抽象，从低级到高级，从不完善到完善的过程：

而初中生正在由机械记忆向意义记忆过渡，思维也逐步过渡到抽象逻辑思维，随着认知活动的逐渐增长，他们能够将事物与事物联系起来，认知水平、思考问题和解决问题的方式达到了一个新的高度．

2. 学习知识的差异

初中数学知识是对小学数学知识的完善和发展，它比小学的学习内容更为丰富、复杂和抽象．从单纯着重于具体数的运算，逐步发展到有理数、无理数、实数的运算，在认识上有了质的飞跃．同时，整式、方程、函数的引入，对学生的理解、记忆、推理、归纳都比小学有了更高的要求，所学知识的深度、广度、难度、密度均有很大的提升，在思维上是一次重大的突破，也是对学生能力的重要挑战[1]．见表1：

表1　小学数学与初中数学的差异

	小学数学知识	初中数学知识
知识容量	少	多
知识面	窄	宽
知识层次	浅	深
知识难易度	易	难

3. 教育教学基本理念的差异

小学属于九年义务教育阶段，教师没有升学压力，完全可以放手去搞研究，贯彻新课程的教育理念，探究各种各样的教学模式，努力实现教学和自身发展的和谐统一．初中受升学率的影响，教师往往不敢放手去尝试新的教学模式，多以灌输式的教学为主，教学模式单一，所以学生升到初中以后必须转变观念，并学会适应新的教学模式，否则很难学下去．

三、小学与初中数学教学有效衔接的几点建议

1. 营造良好的学习氛围，让学生感受到学习的趣味

刚上初中的学生面对新的学校、新的老师、新的同学、新的学习内容总是充满期待，饱含新鲜感和好奇心，如果整节课都是教师讲授数学概念、推导公式、证明定理，学生难免会感到枯燥无味，从而打击学习数学的信心．我们应该改革教学方式，结合教学内容，通过适当的情景引入、穿插故事、实践活动等方式来营造良好的班级氛围，激发学生学习的兴趣，让他们勇于表现自己，乐于表现自己，师生共建快乐的课堂．

2. 熟悉小学教材内容和学生的入门基础

初中教育是小学教育的深化和延续，学生已有的知识经验对于后续学习的影响尤为重要，初一教师应系统研究小学教材的内容、教学的方法、教学的目标等，把它们作为备课的第一步，在对这些有所把握的情况下，再开展第二步，即了解学生的情况，特别是小学知识掌握的情况，哪些容易混淆或是掌握不好，一定要做到心中有数，以便在后面的备课过程中结合初中教材的内容设计好衔接点．

3. 教师教学方法的转变

演示法、引导探究法、练习法都是小学数学教师常用的教学方法，由于小学阶段每节课的教学内容比较少，往往给予学生较多的时间进行新知的探究，尝试的方法和练习机会更多，检查面更广，学生对教师的依赖性比较强；而初中数学课内容偏多，教学时间紧，课堂上基本没有复习时间，最大的特点就是教学活动的环节清晰，教学内容的要求明确，问题的思维程度更高等，教师往往采用讲授法为主，刚上初一的学生一时难以适应，故会产生听不懂，甚至厌学的心理．例如一元一次方程概念的教学，小学的教法通常是由学生观察一组或几组代数式，再由教师引导学生对比分析后归类，最后教师再加以概括得出结论，而初中教师常常会直接概括出"含有一个未知数的等式就是方程"．很明显，后者的教学时间短，没有给予学生充分的自主探索时间，忽视了学生知识的形成过程，这很不利于学生思维能力的发展．所以初一的数学教师在教学过程中应注意如何由小学教学方法逐步过渡为以讲授为主的教学方法，不能一味追求教学内容的落实，而忽视学生自主探究、合作学习的过程[2]．初一教师可先适当保留一些小学的教学方法，在教学中再逐渐渗透初中数学的教学方法，做好教学方法的衔接．

4. 学生学习方法和思维方式的转变

受制于思维水平，小学生往往是模仿老师的思维方式做题，只要把老师讲的内容做好，基本上就能得高分．而到了初中，由于知识难度的加大，对学习能力的要求更高．如果学生还是停留在跟着老师走，数学成绩只能是中等水平．要想取得高分，学生必须学会课前预习和课后复习，注重错题的积累与整理，学会举一反三，通过对比、分析、总结，培养自己发现问题、归纳问题、解决问题的能力．而这种能力的培养是一个漫长和艰难的过程．因此，初中教师在衔接阶段应渗透学习方法和思维方式的教学，让学生进一步更新、完善自己的学习方式，尽早适应初中的教学，为后期的学习做好铺垫与准备．

总之，如何有效地进行小学与初中数学教学的衔接是一个非常重要的问题，需要广大教师认真研究教材，根据学生身心发展的特点，找准衔接的切入点，实现学生学习数学的平稳过渡，促进数学学习的可持续发展．

参考文献：

[1] 崔章玲．搞好中小学教学衔接提升学生数学素养［J］．金色年华：教学参考，2011（10）．

[2] 叶文生．亟待关注的中小学数学教学衔接问题［J］．中小学教学研究，2007（4）．

基于培育模型思想的方程应用题教学研究及启示

连南县田家炳民族中学　李小琼

🖼 **作者简介** ··

李小琼，女，1967 年生，广东清远连南人，初中数学高级教师，连南田家炳民族中学教师．

方程是研究现实世界数量关系的最基本模型．方程应用题是培养数学模型思想的重要途径．东北师范大学史宁中教授认为方程思想具有丰富的含义，其中最本质的表现之一就是建模思想．模型思想是十个核心概念之一，是一种数学的基本思想．在特定的数学内容学习中，渗透模型思想方法是促进学生发展模型思想的目标之一，也是初中数学教师的共同追求．如何在方程应用题教学中，让学生经历建立数学模型的过程，感受数学模型的形成，从而提升建模能力呢？下面结合实例加以说明．

一、数学模型思想的基本内涵和建立模型的基本步骤

数学模型是数学抽象的结果，是对现实原型的概括反映或模拟，是一种符号模型．数学模型思想方法是指通过数学模型来解决问题的一种思想方法[1]．

《义务教育数学课程标准（2011 年版）》指出：模型思想的建立是学生体会和理解数学与外部世界联系的基本途径．建立和求解模型的过程包括：从现实生活或具体情境中抽象出数学问题，用数学符号建立方程、不等式、函数等表示数学问题中的数量关系和变化规律，然后求出结果并讨论结果的意义．由此可得到三个重要观点：一是方程内容的学习有助于学生初步形成模型思想；二是数学模型的建立尤其依赖于学生的主动建模；三是数学建模的一般过程为：

数学抽象—建立模型—解模释模．数学建模的一般步骤归结为：数学抽象、建立数学模型和解模[2]．方程应用题解决的一般步骤为："审、设、列、解、验、答"，模型思想运用于方程应用题教学，可理解为以下三点．

1. 数学抽象

从具体情境中抽象出数学问题，包括明晰问题、回忆理解有关的知识或基本模型，对应初步的"审"．

2. 建立模型

用数学符号语言表示方程应用题中的数量关系，建立方程模型，包括明确已知数量和未知数量（用未知数表示）以及它们之间的数量关系，找出等量关系并列出方程，对应深入的"审"以及"设"和"列"．

3. 解模释模

求出结果，讨论结果的合理性，用结果解释原题，对应"解""验""答"．

二、渗透模型思想的方程应用题教学案例

下面，以北师大版九年级数学上册"应用一元二次方程"章节的例2为例，说明方程应用题教学渗透模型思想的基本路径．

例题内容为：新华商场销售某种冰箱，每台进货价为2500元．市场调研表明：当销售价为2900元时，平均每天能售出8台；而当销售价每降低50元时，平均每天就能多售出4台．商场想使这种冰箱的销售利润平均每天达到5000元，每台冰箱的定价应为多少元？

1. 数学抽象

抽象出数学问题：商场平均每天的销售利润为5000元，每台冰箱定价多少元？

回忆有关知识和模型：总价 = 单价 × 数量，利润 = 售价 − 成本，总利润 = 单件利润 × 数量，总利润 = （售价 − 成本）× 数量．进一步解释为：单价为2900元/台时，每台冰箱利润为 2900 − 2500 = 400（元），总利润为：400 × 8 = 3200（元）．每台降价50元，多售出4台，具体为：单价 2900 − 50 = 2850（元/台），每台冰箱利润为 2850 − 2500 = 350（元），对应总利润为 350 × （8 + 4）= 4200（元），以此类推．

2. 建立模型

为了突出方程的核心价值，张奠宙先生给出了以下的方程定义：方程是为了寻求未知数，在未知数和已知数之间建立起来的等式关系．而等式建立的前

提是理清数量关系、找到等量关系．建立方程模型需要着力培养分析问题的能力．

明确已知量和未知量：每台冰箱进货价为 2500 元．售价为 2900 元/台时，每天售出 8 台．每降价 50 元/台，多售出 4 台．由此可知，售价为 2900 元/台时，总利润为 $400 \times 8 = 3200$（元）．售价在 2500 元/台时，利润为 0 元．由此可知，售价在 $2500 \sim 2900$ 元/台之间．

设不同的未知数 x，则有不同的建模方式．

（1）若设售价为 x 元/台，则数量为 $\left(8 + 4 \times \dfrac{2900 - x}{50}\right)$，可列方程为：

$5000 = (x - 2500)\left(8 + 4 \times \dfrac{2900 - x}{50}\right)$．这种设法最直接，但每台冰箱的利润和每天的销售量较难表示．

（2）若设数量为 x 台，则增加部分的数量为：$x - 8$，降价金额为 $\dfrac{x - 8}{4}$ 个 50 元，可列方程为：$5000 = \left(2900 - 2500 - \dfrac{x - 8}{4} \times 50\right) \cdot x$．

（3）若设降价 x 元，则售价为 $(2900 - x)$ 元/台，数量为 $\left(8 + 4 \times \dfrac{x}{50}\right)$，可列方程为 $5000 = (2900 - 2500 - x)\left(8 + 4 \times \dfrac{x}{50}\right)$．这种设法容易理解未知数的意义．

（4）若设每台冰箱降价 x 个 50 元，则售价为 $(2900 - 50x)$ 元/台，每台利润为 $(2900 - 2500 - 50x)$，数量为：$(8 + 4x)$，可列方程为：$5000 = (2900 - 2500 - 50x)(8 + 4x)$．这种设法最容易列出方程，但未知数的意义较难理解，求出方程的解后容易误认为就是实际问题的解．

在把实际问题符号化过程中，从不同角度启发学生设未知数，并列出相应的方程，有利于学生进行分析比较，进而加深对模型的理解．

3. **解模释模**

求出结果，讨论结果的合理性，用结果解释原题，对应"解""验""答"．

解答：一是给予充足的时间让学生独立解题，积累不同难度方程的求解经验．二是交流算法，适时进行算法优化．在上题中，有些学生会循规蹈矩地按照去括号、移项、合并同类项化为一般形式后求解一元二次方程，这样不仅耗时，而且在运算过程中极易出现计算错误．课堂上，$5000 = (2900 - 2500 -$

$50x$）$(8 +4x)$，在教师或学生的引导下，学生观察所列方程的特征，根据等式的基本性质和运算律，把方程系数缩小为 $(8 - x)$ $(2 + x)$ $= 25$，再根据解一元二次方程的一般步骤解方程，学会快速、准确地解模的方法．

检验与解答： 求解方程后，应让学生明确方程的解还不能作为实际问题的解，还要回归到现实情景中，根据问题的实际意义检验方程的解是否符合实际意义，并对问题的实际意义做出解释和评价，最终得出实际问题的解．如上例，解方程得到：$x_1 = x_2 = 3$，两个结果都是方程的根，且符合问题的实际意义，但不是所求问题的解，还需进一步计算 $2900 - 50 \times 3 = 2750$，得出每台冰箱的定价为 2750 元．

在教学中，还要注意引导学生检验反思：①方程的解是否正确；②方程的解是否符合实际意义；③方程的解是否符合应用题的现实情境．要帮助学生养成回归实际问题中做出解释与评判后再得出实际问题的结果的习惯，从而完成建模过程．

三、方程应用题教学建立模型的策略

当应用题的数量多、数量关系复杂、等量关系隐蔽，又没有具体模型可套用时，学会分析应用题的数量及数量关系，整合信息找出等量关系的方法并迁移到同类应用题的学习中，是构建数学模型的关键．

在前面例题中，销售单价变化，销售量跟着变化，销售利润也随之变化，学生由于分析不清其中的关系，在学习中往往感觉困难重重．因此在教学中，教师要注重引导学生掌握分析问题、理清数量关系的策略，发掘所涉及的基本数量关系，寻找出等量关系，建立方程模型，并通过这道例题的学习，让学生学会解决一类问题的方法，可采用如下策略帮助学生建立方程模型．

1. 文字递推策略

根据题目文字，①找出所有数量：进货价，销售价，降价，定价，销售台数，多售台数，利润等．②找出关键词句：销售利润每天达到 5000 元．③找出等量关系：把关键词"每天销售利润"表示为：每台冰箱销售的利润 × 平均每天的销售数量 = 5000 元．④整合相关信息，建立数量关系：

售价为 2900 元/台时，每天售出 8 台；

售价为 2850 元/台时，每天售出 8 + 4 台；

售价为 2800 元/台时，每天售出 8 + 4 × 2 台；

售价为 2750 元/台时，每天售出 8 + 4 × 3 台……

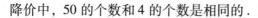

降价中，50 的个数和 4 的个数是相同的.

根据以上对应关系，借助"总利润 =（售价 - 成本）×数量"，设每台冰箱是定价为 x 元，可列方程为：$5000 = (2900 - 2500 - x)\left(8 + 4 \times \dfrac{x}{50}\right)$.

2. 表格递推策略

当实际问题的信息量大，涉及不同数量之间的关系时，常常用表格整理信息. 例题中涉及的数量都与销售总利润、每台的销售利润和每天的销售量有关，每个量又涉及到降价前和降价后两种情况，因此可列出表 1.

表 1 销售利润随降价的变化

	每台销售利润（元）	每天销售量（台）	总利润（元）
降价前	$2900 - 2500$	8	3200
降价 50 元	$2900 - 2500 - 50$	$8 + 4$	4200
降价 100 元	$2900 - 2500 - 100$	$8 + 4 \times \dfrac{100}{50}$	4800
降价 x 元	$2900 - 2500 - x$	$8 + 4 \times \dfrac{x}{50}$	5000

表格中的各数量关系表示由具体数值到符号表达的过程，有助于学生发现规律并建立数学模型. 学生对每台销售利润和销售量的关系不够清晰时，还可追加以下两个表格（表 2 和表 3）来破解建模障碍.

表 2 追加表

	每台销售价（元）	每台进价（台）	每台利润（元）
降价前	2900	2500	400
降价 x 元	$2900 - x$	2500	$400 - x$

销售量的表示是学生解决这个问题的最大障碍，为破解这一难点，结合"薄利多销原则"，冰箱的销售价降低了，销售数量必然增加，可理解为每增加 1 元，每天多售 $\dfrac{4}{50}$ 台，还可列出每天销售数量表（表 3）：

表 3 追加表

	每天销售量（台）
降价前	8
降价 50 元	$8 + \dfrac{4}{50} \times 50$
降价 100 元	$8 + \dfrac{4}{50} \times 100$
降价 x 元	$8 + \dfrac{4}{50}x$

3. 问题递推策略

通过问题串梳理复杂数量之间关系，探索局部数量关系，从中发现已知量和未知量之间的整体结构关系，从而建立起有效等量关系．设计下列问题：

（1）降价前，①每台冰箱的销售利润为（   ）；②每天销售冰箱的数量为（   ）；③每天销售冰箱的利润为（   ）；

（2）每台降价 50 元，①每台冰箱的销售利润为（   ）；②每天销售冰箱的数量为（   ）；③每天销售冰箱的利润为（   ）；

（3）每台降价 x 元，①每台冰箱的销售利润为（   ）；②每天销售冰箱的数量为（   ）；③每天销售冰箱的利润为（   ）；

（4）每台冰箱售价为 x 元，①每台冰箱的销售利润为（   ）；②每天销售冰箱的数量为（   ）；③每天销售冰箱的利润为（   ）．

通过问题（1）（2）的计算过程，理解每天销售利润的计算方法，当每台冰箱降价 x 元时，用两种方式表示每天销售冰箱的利润，可建立方程模型：$5000 = (x - 2500)\left(8 + 4 \times \dfrac{2900 - x}{50}\right)$ 或 $5000 = (2900 - 2500 - x)\left(8 + 4 \times \dfrac{x}{50}\right)$ 等．

四、教学启示

1. 抓住建模的关键活动，培养建模能力

数学建模的教学本质也是思维教学，模型思想教学渗透着让学生学会联系、类比、归纳和概括等逻辑思考的基本方法[3]．数学建模的全过程都蕴含着思维能力的培养．数学抽象、建立模型、解模释模是数学建模一般过程的三个重要

步骤，其中建立模型是最核心的步骤，是最能反映思维能力的一个步骤．采用文字递推、表格递推、问题递推等策略，有助于学生学会分析问题方法，逐渐深入模型内部，把握住数量关系和基本规律，从而建立数学模型．

方程（组）模型的教学必须让学生经历两个方面的活动：一是从不同的问题情境中识别出存在的等量关系，并用恰当的方程（组）表达；二是针对给定的方程（组），找出符合其等量关系的实际背景[4]．也就是说，模型从问题中来，最终回到问题中去．前者是建模，后者是释模和反建模，两者均是建模过程的重要活动，是发展良好建模能力的关键过程．

2. 用好已建立模型解决问题，提高模型运用能力

数学建模是将实际问题忽略非本质因素，抽象成数学问题的过程，还包括应用建立的模型解决问题．在模型建立后，一要对模型就本问题进行解释；二要把所得到的方法和模型，及时迁移运用到新的应用情境中，解决新的同类问题；三要对方程模型进行延展和重构，从而拓展模型，以模型的眼光分析客观世界的数学问题．在建立某方程应用题解题模型后，进而思考建立某类应用题解题模型，实现"一道题模型——类题模型——一个领域模型"的目标．需要注意的是，在用模型解决问题过程中，不能停留在一道题的模型中跳不出来，也不能在同一类模型的某几道题中固化思维．模型思想的教学渗透最忌讳的是过度程式化．过于强调套模是刻板的．

3. 建立不同问题间的模型关联，提高模型归纳能力

从问题中建立模型，从模型中提出问题，问题和模型有着重要的关联．建模的两个重要方面：一是从同一问题情境中找到不同问题间的模型关系，列出不同的模型结构；二是从不同的问题情境中找出同一结构关系的数量模型．在教学时，可以通过一定的具有梯度性的、情境迥然的习题，帮助学生建构模型，并经历反建模的过程．在练习的设计环节，先让学生整体感知多种同类方程应用题的类型，让学生在解决问题的过程中辨析其中的异同，凸显出本质属性；再设计变式练习，在练习中渗透知识间具有联系、方法相通的思想，拓宽学生的知识体系，提升学生解决问题的能力．

参考文献：

［1］顾泠沅，邵光华．作为教育任务的数学思想与方法［M］．上海：上海教育出版社，2016.

［2］王秀秀，董磊，陈棉驹．初中数学模型思想方法的内涵及教学分析

［J］．中学数学教学参考，2019（11）：62 – 65.

［3］李东．模型思想渗透中低效现象的分析与启示［J］．中国数学教育，2018（Z3）：57 – 60.

［4］李贺，张卫明．例谈初中生数学建模能力的培养［J］．教育研究与评论（中学教育教学），2019（8）：5 – 9.

通过培养学生优秀的笔记习惯助力中学数学学习

晓培优教育中学　蒋桑泽

📖 **作者简介** ....

蒋桑泽，男，1987 年 4 月生，江苏无锡人，学士学位，晓培优教育中学数学教研负责人.

从小学升到初中，有许多学生的数学成绩出现了"断崖式"的下降.

究其原因是多方面的：中学数学学习所需要的知识量远远大于小学；中学的科目增多，每科的学习时间减少；很多知识到中学以后发生了较大的变化，例如从具体的数向抽象的代数过渡.

与此同时，学习习惯的缺失，特别是笔记习惯的缺失，也是学生成绩下降的重要原因之一. 小学数学学习压力相对较小，针对同一个知识点老师会反复讲解，即使学生没有记笔记的习惯，依然可以保持比较好的数学成绩. 但是到了中学阶段，知识量会明显增加，同一个知识点老师反复讲解的次数大幅降低，此时如果学生记笔记的学习习惯仍然缺失，数学学习之路就会愈发艰难. 这样的情况，随着年级的增长，影响会越来越大.

在记笔记这个学习环节上，有的学生缺乏记笔记的意愿；有的学生记笔记潦草而敷衍；有的学生有记笔记的意愿，但是不知道如何记好笔记；有的学生记完笔记之后不会再进行复习，使得笔记失去了应有的作用. 因此，作为老师，如何引导学生形成良好的笔记习惯，在数学学习中发挥重要作用，是本文重点探讨的内容.

一、学生笔记情况调研

1. 学生笔记记录情况调研

笔者选取了自己所在机构 115 名六年级升初一学生的笔记情况做了一次数据调研，调研结果如图 1 所示.

从调研中我们可以看到，有 58% 的学生（67 人）没有专门的笔记本，听课过后不记笔记或只是把笔记记录在书上或讲义上，一段时间之后多会丢弃，几乎没有留存；而 20%（23 人）的笔记较为潦草，或笔记本和草稿混用，笔记本对于他们来说名存实亡；只有 22%（25 人）的学生有一定的笔记习惯，其中能够用不同颜色标注重点，笔记习惯良好的学生只有 8%（9 人）.

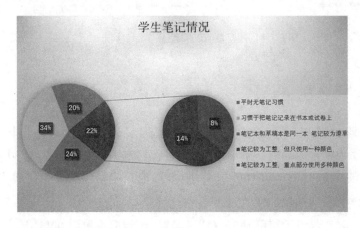

图 1

2. 学生笔记复习情况调研

针对调研中 48 位有笔记本的学生，笔者做了进一步的调研，调研结果如图 2 所示.

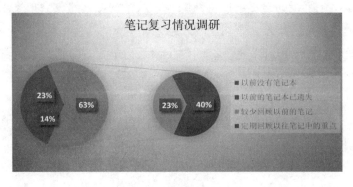

图 2

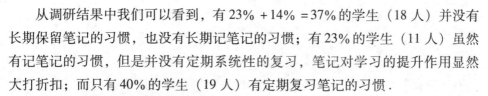

从调研结果中我们可以看到，有23% + 14% = 37%的学生（18人）并没有长期保留笔记的习惯，也没有长期记笔记的习惯；有23%的学生（11人）虽然有记笔记的习惯，但是并没有定期系统性的复习，笔记对学习的提升作用显然大打折扣；而只有40%的学生（19人）有定期复习笔记的习惯.

3. 笔记习惯对学生成绩的影响

由于样本人数有限，因此笔者只能根据笔记抽样调查的学生进行初步判断，综合两次调研的结果，能够用不同颜色标注重点，笔记习惯较为良好并且定期复习笔记的学生一共有9人，这9位同学的成绩都在其所在班级成绩的前50%. 这一结果初步体现出良好的笔记习惯对学习数学的正向作用.

二、笔记与数学学习关系研究

由于在不同的课堂中，笔记与数学学习的关系并不相同，也就衍生出了不同的笔记方式，也使得笔记与数学学习的关系不尽相同.

笔者总结的常见的课堂笔记方式有以下几种：

1. 记录自发性课堂笔记

在一些数学课堂中，教师对于笔记没有强制性的要求，因此不少学生甚至不会携带笔记本，也有部分教师会要求携带笔记本，但对于如何记笔记并不做说明. 在这种情况下，一方面很多学生没有养成记录笔记的习惯；另一方面学生只能根据老师的课堂板书按照自己的理解书写笔记，也就很难形成良好的记笔记习惯.

而在实际课堂过程中，因为老师的板书多伴随着教材上的知识点或例题出现，相当多的学生倾向于将笔记记录在书上，甚至在书上随意划线就当成了笔记的记录；即使使用了笔记本，在态度不够重视和缺乏笔记能力的双重原因下，学生在笔记本上只会留下逻辑缺失、文字潦草的笔记，甚至出现笔记本和草稿本混用的情况. 无论是记录在书上，或者潦草地记录在笔记本上，学生课后都是很难再进行复习的，笔记对学生学习的帮助作用可以说是非常小的.

事实上，笔记能力也是学习能力中的一种，它也是需要学习的. 如果在初中课堂的一开始，教师并没有教会学生如何记录课堂笔记，帮助学生养成笔记记录的习惯，而寄希望于学生自己找到良好的笔记方式，并培养起良好的笔记习惯，显然是不太合适的.

2. 抄录课堂板书

为了教会学生课堂笔记的记录习惯，有些教师会按照标准板书100%还原在黑板上，然后让学生进行抄录．这对刚升入初中，笔记能力欠佳的学生来说，是有积极意义的．学生通过板书抄录，能够快速获得高质量的笔记．在抄录的同时，学生自身的笔记能力也在潜移默化中得到培养．由于学生笔记是复制教师的板书，因此教师对学生的笔记情况也比较了解，让学生复制以往的笔记也就有的放矢．与此同时，由于笔记的质量较高，美观程度较强，也就增强了学生保存笔记和复习笔记的意愿．

然而，板书的抄录还是存在一定短板的．学生在课堂上的笔记，其实是教师板书的复制，课后的复习也主要以记忆为主．因此，这样的学习模式主要是以记忆的方式来进行的．

很多学生在小学阶段主要是以记忆的方式进行数学学习的，也取得了不错的成绩．但是以记忆的方式进行数学学习主要有两个缺陷：一是记忆容量是有限的，如果背诵了九九乘法表，那么两位数以内的乘法就难以适用，背诵了乘法的运算法则，如果缺乏其他的理解，那么当乘法向乘方、二次根式甚至对数变形的时候，以往的记忆就无法取得任何效果了；二是记忆能力是有限的，每天能够记忆的内容是有限的，如果不进行反复的记忆强化，记忆会随着遗忘曲线快速减退．因此，到了中学阶段，以记忆的方式进行学习，效果就会大打折扣．有时候，我们会觉得有些学生思维不够"灵活"，其实就是因为以记忆替代学习，场景变换后记忆就失效了，学生自然就无法解决新的问题了．

3. 绘制思维导图

思维导图是很多教师较为推崇的笔记记录方式．这种笔记方式对于很多学生来说有一定的入门难度，因此一些教师为了帮助学生快速入门，会采用课堂板书抄录的方式让学生记录思维导图．然而，这种方式仍然没有解决学生用记忆替代学习的问题，产生的效果也是有限的．

那么怎样的方式能够让学生真正地掌握知识呢？事实上，我们上课所举的例子始终是有限的，而实际情况的可能性是无限的．良好的课堂能够通过有限的例子让学生找到规律，进而压缩无限的知识．学生总结出来的规律就是知识．如果教师直接将知识告诉学生，学生得到的并不是知识，而只是知识的描述．因此，即使学生学习到的内容被称之为"知识点"，但学生仍然只是用记忆在进行学习．而真正的学习方式是尽可能给予学生更多的例子帮助学生体会有限事例和无限情况之间的关系，帮助学生找到这样的联系，使他们学会自主描述知识，进而完成真正的学习．

而思维导图，正符合这样的一种学习方法．学生在构筑思维导图的过程中，就是在用自己的方式寻找知识与知识的关联性，进而完成真正的学习．

在绘制思维导图的过程中，学生需要通过实例自行寻找规律，从而完成思维导图的绘制．同时，思维导图的逻辑层级的呈现方式，能够很好地帮助学生厘清逻辑，完成学习．

三、课堂笔记案例

通过分析，笔者认为课堂板书抄录和思维导图的方式是各有优势的．

在学生还没有建立笔记习惯时，良好的示范能够让学生快速建立笔记习惯，学会如何记录合格的课堂笔记．同时，良好的笔记习惯也有助于提升学生复习的可能性和频率，从而提升学习效果．

而思维导图的方式，更加符合学习规律，更适合学生通过自己的方式探寻自己的思维导图，用自己的方式找到知识．

下图（图3）是初一学生的课堂板书抄录和思维导图记录的实例：

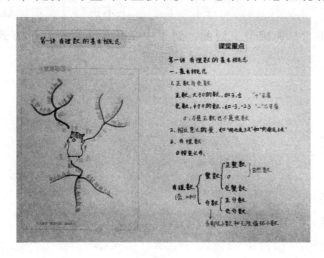

图 3

四、结束语

课堂笔记是课堂中相当重要的一个环节，通过帮助学生做出更好的课堂笔记，从而更好地提升学习效果，这是教师授课中值得持续探索的地方．

参考文献：

［1］刘清．思维导图在初中数学教学活动中的运用分析［J］．考试周刊，2017（44）．

［2］解世维．费曼的物理教学思想［J］．物理通报，2004（1）．

［3］冷美荣．如何提高高中生数学学习效率［J］．数学学习与研究，2019（12）．

浅谈数学思想方法在初中教学设计中的功能体现

晓培优东莞分校　方金晶

作者简介

方金晶，男，1994 年 2 月生，浙江绍兴人，工学学士，初中数学教师.

一、数学思想方法内涵概述

数学思想是指"现实世界的空间形式和数量关系反映在人的意识中经过思维活动而产生的结果. 它是对数学知识和方法的本质认识，是对数学规律的理性认识."[1]数学思想是"人们对数学科学研究的本质及规律的深刻认识. 它是指导人们学习数学、解决数学问题的思维方式、观点、策略、指导原则[2]. 而在中学数学教学中，一般将数学思想与数学方法统称为数学思想方法. 归纳起来，有如下几类：第一类是策略型思想方法，它包括化归、抽象概括、方程与函数、猜想、数形结合、整体与系统等；第二类是逻辑型思想方法，它包括演绎、分类、特殊化、类比、归纳、反证等；第三类是操作型思想方法，它包括构造、换元、待定系数、配方、参数、判别式等[3].

二、合格的初中数学教学设计产品需遵循的产品理念

教学设计是 个系统设计并实现学习目标的过程，它必须遵循学习效果最优的原则，是学生在本节课上能够以多大程度吸收并掌握知识的关键所在，也是教师在备课期间需谨慎打磨的产品. 那么，对于这样一份产品，我认为需要遵循以下三个关键的产品设计理念.

1. 逻辑严密，环环相扣

对于学生而言，新课的一切都属于未知，这个教学过程可以比作平地起高

楼，教学过程中所涉及的一切术语、概念、定义、定理、公式、性质等，如同建造大厦时所使用的钢筋、水泥、木架，螺丝钉，每个材料都必须有明确的施工顺序，步步有据．

2. 注重学生自主探究过程

虽说教学设计产品的直接使用者是授课者，但最终还是作用于听众，也就是学生．因此，教学设计的框架与脉络也决定了学生在课堂中的思维路径和整体感受．而从新知识习得并熟练掌握及应用这个角度来讲，没有什么方式会比学生通过自主探究获取知识更有效．这也就要求教学设计要尽可能强调学生的主体性，为学生搭建或创造有价值的探究式教学场景．

3. 注重课程趣味性

初中数学单从内容而言，存在广阔的操作空间去设计有趣的引入和讲解．从初中生心理特点而言，这个年龄段的学生依旧对课本知识有很高的兴趣．

综上所述，一份合格的初中数学教学设计产品需要遵循逻辑严密、注重学生自主探究、富有趣味性三个产品理念．而在实际的教学过程和教学场景中，不难发现，这三点要求完全可以通过在授课中渗入数学思想方法来实现．以下将结合实际教学片断来简单地阐述相关数学思想方法是如何辅助初中数学课堂教学设计去体现其逻辑性与注重学生自主探究这两个理念的．

三、演绎思想对于教学设计中逻辑性的辅助

在初一数学人教版上册的第一章中，绝对值的概念，代数意义，几何意义对于大部分刚上初中、数理思维一般的学生而言是较难理解并经常出错的一部分内容，尤其当一些高端班型涉及到绝对值的拓展部分讲解时，授课难度也相对较高，接下来以 $\lvert\, \lvert a \rvert - \lvert b \rvert\, \rvert \leqslant \lvert a+b \rvert \leqslant \lvert a \rvert + \lvert b \rvert$ 的论证过程为例，探讨数学思想方法当中最常见的演绎思想在该教学片断设计中的功能体现．

课程目标： 向基础一般的学生论述 $\lvert\, \lvert a \rvert - \lvert b \rvert\, \rvert \leqslant \lvert a+b \rvert \leqslant \lvert a \rvert + \lvert b \rvert$．

讲授此内容时学生所具备的知识背景：熟练掌握加法法则、减法法则及有理数四则混合运算．

过程分析： 加法法则和减法法则是针对四则运算中加、减法一般规律的总结，该法则不仅适用于数字，还可推广到字母．因此我们选择用学生已经熟练掌握的加、减法法则来展开对于 $\lvert a+b \rvert$ 的计算．由于 a，b 为字母，正负性未知，因此只能按照加法法则的分类方式对 a，b 符号进行分类讨论．当 a，b 同号时，根据同号两数相加法则，即取相同符号，并将两个数的绝对值相加，又

由于 a，b 可同为正或同为负，因此不难得到 $|a+b|=|\pm(|a|+|b|)|$，由于 $|a|+|b|$ 为正数，因此 $\pm(|a|+|b|)$ 化简可得 $|a|+|b|$，即当 a，b 同号时，$|a+b|=|a|+|b|$.

当 a，b 异号时，根据异号两数相加法则，即取绝对值较大数的符号，再将大的绝对值减去小的绝对值，又由于无法对 $|a|$，$|b|$ 的大小进行分辨，因此取绝对值较大数的符号时可正可负，又考虑到 $\pm(x-y)$ 等价于 $\pm(y-x)$，因此在进行两数的绝对值相减时，$\pm\|a|-|b\|$ 等价于 $\pm\|b|-|a\|$，基于上述推理，可得到 $|a+b|=|\pm(|a|-|b|)|$，又因为 $|a|-|b|$ 正负性未知，因此 $|\pm(|a|-|b|)|=\|a|-|b\|$，即当 a，b 异号时，$|a+b|=\|a|-|b\|$.

当 a，b 都不为 0 的前提之下，无论 a，b 是同正或同负，均满足 $\|a|-|b\|<|a|+|b|$.

结合 a，b 同号时，$|a+b|=|a|+|b|$；a，b 异号时，$|a+b|=\|a|-|b\|$，不难得到 $\|a|-|b\|<|a+b|<|a|+|b|$，且 a，b 至少有一个为 0 时，可取到等号，从而得到 $\|a|-|b\|\leqslant|a+b|\leqslant|a|+|b|$.

借助上面案例，我们可以看到，即使是对于绝对值拓展模块中的这部分难度较大的知识，依然可以通过最为基础的四则运算法则来演绎推理论证，整个过程中没有经验类的总结和阐述，甚至不需要学生具备很强的创造性思维和分析能力，只要每一个推理环节都与加减法法则的步骤紧密贴合，便能够十分自然地完成整个论证过程，这也很好地解决了学生面对这类问题时产生的畏难情绪，可见，采取演绎的数学思想方法去呈现这块内容不仅增强了整个教学设计的逻辑性，也会被大部分学生所接受并理解.

四、类比思想对于教学设计中实现学生自主探究的辅助功能

在初二数学人教版下册的第三章中，关于特殊的平行四边形的定义、性质、判定的理解与记忆对于大部分初二学生来说是一个沉重的负担. 即使到初三，依然有不少学生对于这一章节中出现的各类定义和定理产生混淆. 事实上，授课教师如果在新课环节能够组织学生自行探究得出上述的各种概念，那无疑可以达到最好的课堂效果，也能够帮助学生一劳永逸地去进行记忆. 接下来，我将再次结合实际课堂来论述类比思想对于教学设计中实现学生自主探究的辅助.

课程目标：理解、熟练掌握并运用、记忆特殊平行四边形的所有定义、性质及判定.

讲授此内容时学生所具备的知识背景：已理解、掌握平行四边形的定义、性质及判定．

自主探究过程： 运用类比思想，矩形也应该从定义、性质、判定三个方面去展开认识研究，那么如何探究矩形的定义呢？根据平行四边形的定义"两组对边分别平行的四边形是平行四边形"，可以得到（限定条件 + 四边形 = 平行四边形）这样一个用来定义平行四边形的范式，因此猜想矩形的定义应该符合（限定条件 + 四边形 = 矩形）这样的范式，考虑到几何概念的定义需要遵循最简原则，因此（限定条件 + 平行四边形 = 矩形）这一范式更适合作为矩形的定义，所以只要找出限定条件就可以得到矩形的精确定义，由平行四边形的定义可知其限定条件为"两组对边分别平行"，而"两组对边分别平行"恰好是平行四边形中的性质之一．因此可以得到在（限定条件 + 平行四边形 = 矩形）这一定义矩形的范式中，"限定条件"来自于矩形的性质，又由于矩形是特殊的平行四边形，因而平行四边形所具有的性质矩形都具备，但是这些性质却并不能用来定义矩形，因此必须找到专属于矩形而平行四边形并不具备的性质，此时提醒学生，平行四边形是经过角的特殊处理化才得到了矩形，不难想到，所谓定义矩形的"限定条件"就应该是"内角是直角"，再根据定义最简这一原则，得到"限定条件"应该是"有一个角为直角"，将其套入矩形的定义范式，即可得到"有一个角为直角的平行四边形为矩形"．

以此类推，矩形的性质定理与判定定理同样可以类比平行四边形的性质和判定去得到．

借助上面案例，大家可以发现，通过这种类比思想的应用，可以在很大程度上引导学生完成自主探究的过程．根据实际教学经验，整个特殊平行四边形的所有定义、性质及判定的新课学习都可以借助类比思想设计成自主探究的形式展开课堂教学，相比非探究式的学习过程，这些学生能对本章节的知识进行更深刻地理解并进行长时间地记忆．

以上两个案例直观地展现了数学思想方法在教学设计中的辅助功能，事实上，初中数学存在着大量体现数学思想的内容．上述所列的数学思想方法，在教材中多数没有给出具体的名称，只是在知识发生过程中应用了或隐含着这些思想方法．比如，在初中六册数学《教师用书》中，涉及数学思想方法就高达450次之多；再如，化归思想在初中六册教材总共210余节中，出现的总频数约为108次，占总节次数的50%左右[3]．这也给广大的一线初中数学教师团队提出了更高的要求，要善于挖掘或揭示教材中所隐含的数学思想方法，并借此展开教学设计，充分体现教学设计产品的逻辑性、学生自主探究、趣味性这三个产品理念.

参考文献：

［1］"MA"课题组."发展学生数学思想，提高学生数学素养"教学实验研究报告［J］.课程·教材·教法，1997（8）.

［2］李丽娟.中学数学思想方法教学实验研究综述［J］.中小学数学（教师版），2002（1）.

［3］孙朝仁，臧雷."数学思想方法研究"综述［J］.中学数学教学参考，2002（10）.

透过中考试题中的手拉手模型感受几何变换之美

晓培优教育　李焱武

作者简介

李焱武，男，1992 年 12 月生，河南信阳人，学士学位，晓培优教育数学教师.

在近些年全国不同区域的中考数学试题中，有关手拉手模型以及相应的几何图形变换的试题频繁出现，并且多为综合性比较强的压轴题. 这种题型涉及到的知识点包括全等三角形、相似三角形、勾股定理、解特殊的三角形、圆的弧长计算等，主要运用几何图形中的对称变换、旋转变换、相似等技巧构造辅助图形来加以解答.

一、手拉手模型及构造

1. 手拉手的基础模型

如图 1～3，等边 $\triangle ABC$ 和等边 $\triangle ADE$ 共顶点为 A，连接对应顶点 B 和 D，C 和 E，易知 $\triangle BAD \cong \triangle CAE$，那么我们称这个是关于等边三角形的手拉手模型. 如图 4～6，正方形 $ABDC$ 和正方形 $AEFG$ 共顶点 A，连接对应顶点 B 和 G，C 和 E，易知 $\triangle ABG \cong \triangle ACE$，那么我们称这个是关于正方形（等腰直角三角形）的手拉手模型.

等边三角形

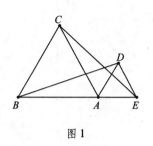

图1

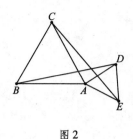

图2

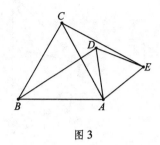

图3

正方形（等腰直角三角形）

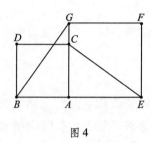

图4

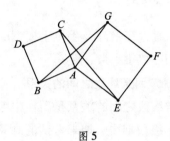

图5

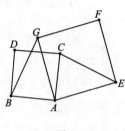

图6

2. 手拉手模型的构造

关于手拉手模型，一般有两种构造方式．一种可以看作是从一个等腰直角三角形直角顶点（等边三角形任意顶点，正方形的任意顶点，普通等腰三角形的顶角对应点）对三角形进行一定角度的旋转，然后对旋转后的图形进行一定的相似变换，这样对应的原图和旋转之后的图形就构造出了手拉手模型．如图7，已知等腰直角 $\triangle ABC$，将它逆时针旋转一定角度然后进行相似变换，得到等腰直角 $\triangle ADE$，那么易得 $\triangle ABD \backsimeq \triangle ACE$．

第二种构造方式，如果平面上存在两个共锐角顶点的等腰直角三角形，那么我们可以分别先作各等腰直角三角形关于直角边的对称变成大的等腰直角三角形，并且此时保持两个大的图形是共直角顶点的等腰直角三角形，则图形效果就是第一种图形构造下的手拉手模型．如图8，等腰直角 $\triangle ABC$ 和 $\triangle ADE$，分别作 $\triangle ABM$ 和 $\triangle ABC$ 关于直线 AB 对称，$\triangle ADE$ 和 $\triangle AND$ 关于直线 AD 对称，则等腰直角 $\triangle ACM$ 和 $\triangle ANE$ 构成手拉手模型的图形基础，此时 $\triangle AME \backsimeq \triangle ACN$．

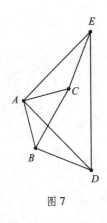

图 7

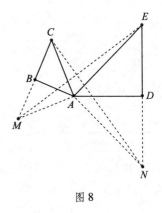

图 8

二、手拉手模型的应用

以下是近几年来中考真题以及涉及手拉手模型的试题，以此为例来说明手拉手模型在考试中的应用，仅供参考.

1. 利用手拉手模型确定两条线段之间的关系

探究平面图形中两条线段之间的关系是历年中考数学的热点问题，同时也是大多数中学院校对应年级段期中、期末考试的高频考点，对于此类问题的解答需要找到对应的手拉手模型全等，借助全等三角形下的边相等和角相等来转化并确定问题中两条线段之间的关系.

【例 1】

如图 9，若四边形 $ABCD$，$GFED$ 都是正方形，显然图中有 $AG = CE$，$AG \perp CE$.

（1）当正方形 $GFED$ 绕 D 旋转到如图 10 的位置时，$AG = CE$，$AG \perp CE$ 是否成立？若成立，请给出证明，若不成立，请说明理由；

（2）当正方形 $GFED$ 绕 D 旋转到 B，D，G 在一条直线（如图 11）上时，连接 CE，设 CE 分别交 AG，AD 于 P，H，（1）中的结论还成立吗？若成立，请给出证明；若不成立，请说明理由.

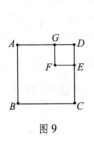

图 9

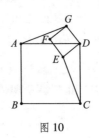

图 10

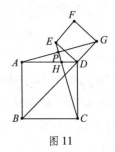

图 11

解析：（1）问中，可以很容易地知道这是关于正方形中的手拉手全等模型，易知 $\triangle AGD \cong \triangle CED$，所以 $AG = CE$，$\angle GAD = \angle ECD$，延长 CE 分别交 AD，AG 于点 M，N，如图 12，$\triangle NAM$ 和 $\triangle MCD$ 由 "8 字"模型导角可得 $\angle ANC = 90°$，即 $AG \perp CE$.

（2）和（1）的模型背景及构图方式均相同，同理可得 $AG = CE$，$AG \perp CE$.

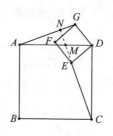

图 12

评析： 以上题目两问对于两条线段关系的探讨是手拉手全等模型中最常见的结论，也是其他深层次问题探究的基础.

【例2】

（2018 年江西省中考数学第 22 题）在菱形 $ABCD$ 中，$\angle ABC = 60°$，点 P 是射线 BD 上一动点，以 AP 为边向右侧作等边 $\triangle APE$，点 E 的位置随着点 P 的位置变化而变化.

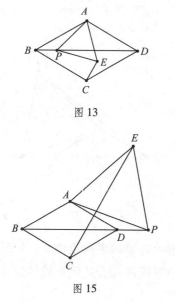

图 13

图 15

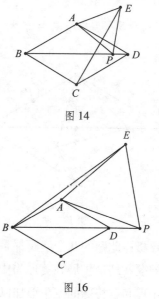

图 14

图 16

（1）如图 13，当点 E 在菱形 $ABCD$ 内部或边上时，连接 CE，BP 与 CE 的数量关系是_____，CE 与 AD 的位置关系是_____；

（2）当点 E 在菱形 $ABCD$ 外部时，（1）中的结论是否还成立？若成立，请予以证明；若不成立，请说明理由（选择图 14，图 15 中的一种情况予以证明或说理）；

（3）如图 16，当点 P 在线段 BD 的延长线上时，连接 BE，若 $AB = 2\sqrt{3}$，$BE = 2\sqrt{19}$，求四边形 $ADPE$ 的面积．

解析：（1）如图 17，结论：$BP = CE$，$CE \perp AD$．连接 AC，并延长 CE 交 AD 于点 H．由已知易知等边 $\triangle ABC$ 和 $\triangle APE$ 构成了手拉手全等模型的背景，$\triangle BAP \cong \triangle CAE$，所以 $BP = CE$，$\angle ABP = \angle ACE = \angle 30°$，又易知 $\angle CAD = 60°$，所以 $\angle AHC = 90°$，则 $AD \perp CE$．

（2）结论依然成立．手拉手全等模型背景和解题手法与（1）相同．

（3）如图 18，连接 CA，CE，依然由手拉手全等模型可知 $\triangle BAP \cong \triangle CAE$，所以 $CE = BP$，$CE \perp AD$，垂足为 H．在菱形 $ABCD$ 中，$AD \parallel BC$，所以 EC 垂直于 BC，在直角 $\triangle BCE$ 中，由勾股定理可得，$EC = \sqrt{\left(2\sqrt{19}\right)^2 - \left(2\sqrt{3}\right)^2} = 8$，所以 $BP = 8$．在菱形 $ABCD$ 中，$\angle ABC = 60°$，$AB = 2\sqrt{3}$，所以易得 $BD = 6$，$OA = \frac{1}{2}AB = \sqrt{3}$，则 $DP = 2$，在直角 $\triangle AOP$ 中，$AP = \sqrt{AO^2 + OP^2} = 2\sqrt{7}$，所以

$$S_{四边形 ADPE} = S_{\triangle ADP} + S_{\triangle AEP} = \frac{1}{2} \times 2 \times \sqrt{3} + \frac{\sqrt{3}}{4} \times \left(2\sqrt{7}\right)^2 = 8\sqrt{3}.$$

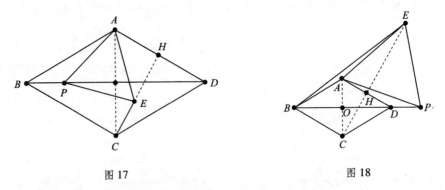

图 17   图 18

评析：此题的几个问题都是以等边三角形为背景的手拉手模型，同时将相关的问题和结论扩展到菱形当中加以研究，第三问还综合运用基础结论并结合勾股定理和解特殊的三角形加以考查．

2. 利用手拉手模型推演三条线段之间的关系

在中考的压轴题中，如果要表示出三条线段之间的数量关系和位置关系时，一般会联系到特殊三角形，两点之间线段最短，勾股定理等知识点，而这些知识点的体现往往需要构造手拉手模型或者运用手拉手模型中的等量关系加以等价转化．

【例3】

（2019 年十堰市中考数学第 24 题）如图 19，$\triangle ABC$ 中，$CA = CB$，$\angle ACB = \alpha$，D 为 $\triangle ABC$ 内一点，将 $\triangle CAD$ 绕点 C 按逆时针方向旋转角 α 得到 $\triangle CBE$，点 A，D 的对应点分别为点 B，E，且 A，D，E 三点在同一直线上．

（1）填空：$\angle CDE =$ _____（用含 α 的代数式表示）；

（2）如图 20，若 $\alpha = 60°$，请补全图形，再过点 C 作 $CF \perp AE$ 于点 F，然后探究线段 CF，AE，BE 之间的数量关系，并证明你的结论；

（3）若 $\alpha = 90°$，$AC = 5\sqrt{2}$，且点 G 满足 $\angle AGB = 90°$，$BG = 6$，直接写出点 C 到 AG 的距离．

图 19　　　　　　　　　　　　图 20

解析：（1）由已知分析可得，此图的背景是由已知图形旋转变换得到等腰 $\triangle CAB$ 和 $\triangle CDE$，它们构造出手拉手模型全等，$\triangle ACD \cong \triangle BCE$，$\angle DCE = \alpha$，所以易得 $\angle CDE = \dfrac{180° - \alpha}{2}$；

（2）如图 21，这个图形的背景是由已知的三角形旋转变换得到等边 $\triangle CAB$ 和 $\triangle CDE$，它们构造出手拉手模型全等，$\triangle ACD \cong \triangle BCE$，则 $AD = BE$. 同时在等边 $\triangle CDE$ 中，易得 $DF = EF = \dfrac{\sqrt{3}}{3} CF$，所以 $AE = BE + \dfrac{2\sqrt{3}}{3} CF$；

（3）如图 22，当点 G 在 AB 上方时，过点 C 作 $CH \perp AG$ 于点 H，由已知可得，$\angle ACB = 90°$，$AC = BC = 5\sqrt{2}$，则 $AB = 10$. 因为 $\angle ACB = \angle AGB = 90°$，所以点 C，G，B，A 四点共圆. 因为 $\angle AGC = \angle ABC = 45°$，且 $CH \perp AG$，所以 $\triangle CHG$ 为等腰直角三角形. 由 $AB = 10$，$GB = 6$，在直角 $\triangle ABG$ 中，易得 $AG = 8$，在直角 $\triangle ACH$ 中，由勾股定理，得 $AC^2 = AH^2 + CH^2$，所以 $(5\sqrt{2})^2 = (8 - CH)^2 +$

CH^2，则 $CH = 7$（不合题意，舍去），$CH = 1$. 若点 G 在 AB 的下方时，同理可得 C 到 AG 的距离等于 7，所以点 C 到 AG 的距离为 1 或 7.

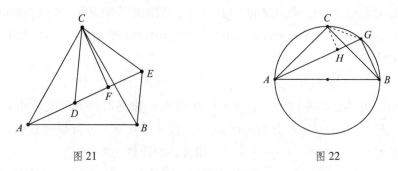

图 21   图 22

评析：此题中的手拉手模型是由一个三角形进行动态旋转得到的，而例 1 和例 2 的图形是由已有的两个三角形静态呈现的. 这种构图的转变，不仅仅是图形的呈现方式不同，更主要的是能引导学生对于手拉手模型进行深层次的思考，还能够引导学生去探索手拉手模型中隐含的旋转变换. 本题目中三条线段关系以及与解特殊直角三角形和圆的综合探究，都是建立在手拉手全等模型及其基础结论之上的.

【例 4】

（2016 年广州市中考数学第 25 题）如图 23，点 C 为 $\triangle ABD$ 的外接圆上的一动点（点 C 不在 $\overparen{BAD}$ 上，且不与点 B，D 重合），$\angle ACB = \angle ABD = 45°$.

（1）求证：BD 是该外接圆的直径；

（2）连接 CD，求证：$\sqrt{2}AC = BC + CD$；

（3）若 $\triangle ABC$ 关于直线 AB 的对称图形为 $\triangle ABM$，连接 DM，试探究 DM^2，AM^2，BM^2 三者之间满足的等量关系，并证明你的结论.

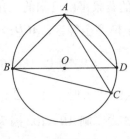

图 23

解析：（1）由已知易得 $\angle ABD = \angle ACB = \angle ADB = 45°$，所以 $\angle BAD = 90°$，则 BD 是该外接圆的直径；

（2）如图 24，在 CD 的延长线上截取 $DE = BC$，连接 EA，由 $AB = AD$，$\angle ABC = \angle ADE$，$BC = DE$，可得 $\triangle ABC \cong \triangle ADE$，$\angle BAC = \angle DAE$. 那么 $\angle CAE = \angle CAD + \angle DAE = \angle CAD + \angle CAB = \angle BAD = 90°$，所以 $\triangle CAE$ 是等腰直角三角形，则 $\sqrt{2}AC = CD + DE = CD + BC$；

（3）如图 25，过点 M 作 $MF \perp MB$，过点 A 作 $AF \perp MA$，MF 与 AF 交于点 F，连接 BF，由对称性可知：$\angle AMB = \angle ACB = 45°$，$\angle FMA = 45°$，所以 $\triangle AMF$ 是等腰直角三角形，$AM = AF$，$MF = \sqrt{2}AM$. 又 $\angle FAB = \angle MAF + \angle MAB = \angle BAD + \angle MAB = \angle MAD$，$AF = AM$，$AB = AD$，可得 $\triangle ABF \cong \triangle ADM$，则 $BF = DM$. 在直角 $\triangle BMF$ 中，$BM^2 + MF^2 = BF^2$，所以 $BM^2 + 2AM^2 = DM^2$.

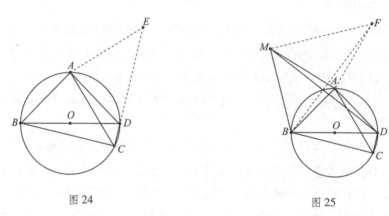

图 24　　　　　　　　　　　图 25

评析：此题构图是在手拉手模型这个大背景下与圆和直角三角形图形的综合. 这个题目与前面 3 个例题的最大区别是前面的题目是已有的手拉手模型静态的呈现或者是在题目已知条件的引导下进行旋转变换，得到对应的手拉手模型和相应的结论. 而此题在没有任何几何图形变换的背景下，通过对三条线段的关系进行猜想和探索，然后反其道而行之，由结论反过来猜想等腰直角 $\triangle ABD$ 和 $\triangle AMF$ 构造的手拉手模型，并加以图形构造论证，其中 $\triangle ABC$ 和 $\triangle ABM$ 的对称变换起着衔接的作用. 这种几何构图给人一种无中生有的感觉，也是中考范围下几何构图和几何变换中高层次难度的题型.

【例 5】

（2018 年广州市中考数学第 25 题）如图 26，在四边形 $ABCD$ 中，$\angle B = 60°$，$\angle D = 30°$，$AB = BC$.

（1）求 $\angle A + \angle C$ 的度数；

（2）连接 BD，探究 AD，BD，CD 三者之间的数量关系，并说明理由；

（3）若 $AB=1$，点 E 在四边形 $ABCD$ 内部运动，且满足 $AE^2 = BE^2 + CE^2$，求点 E 运动路径的长度．

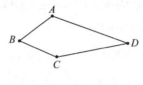

图 26

解析：（1）由四边形内角和定理易得 $\angle A + \angle C = 360° - 60° - 30° = 270°$．

（2）如图 27，结论：$DB^2 = DA^2 + DC^2$．连接 AC，BD，以 BD 为边向下作等边三角形 $\triangle BDQ$．

由已知易得 $\triangle ABC$ 是等边三角形，又因为三角形 BDQ 也是等边三角形，所以这个问题的图形背景是由两个共顶点的等边三角形构成的手拉手模型．易得 $\triangle ABD \cong \triangle CBQ$，$AD = CQ$，$\angle BAD = \angle BCQ$，$\angle BAD + \angle BCD = \angle BCD + \angle BCQ = 270°$，所以 $\angle DCQ = 90°$，$DQ^2 = DC^2 + CQ^2$．又因为 $CQ = DA$，$DQ = DB$，所以 $DB^2 = DA^2 + DC^2$．

（3）如图 28，连接 AC，将 $\triangle ACE$ 绕点 A 顺时针旋转 $60°$ 得到 $\triangle ABR$，连接 RE，则 $\triangle AER$ 是等边三角形，所以此处是由等边 $\triangle ABC$ 和等边 $\triangle AER$ 构造的手拉手模型，$\triangle ACE \cong \triangle ABR$，$EA = RE$，$EC = RB$，由 $EA^2 = EB^2 + EC^2$，可得 $RE^2 = RB^2 + EB^2$，所以 $\angle EBR = 90°$，则 $\angle RAE + \angle RBE = 150°$，$\angle ARB + \angle AEB = \angle AEC + \angle AEB = 210°$，$\angle BEC = 150°$，点 E 的运动轨迹在以 O 为圆心的圆上．在 $\odot O$ 上取一点 K，连接 KB，KC，OB，OC，因为 $\angle K + \angle BEC = 180°$，所以 $\angle K = 30°$，$\angle BOC = 60°$，又由 $OB = OC$，则 $\triangle OBC$ 是等边三角形，所以 $OB = OC = BC = 1$，点 E 的运动路径为 $\dfrac{\pi}{3}$．

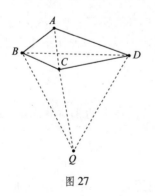

图 27

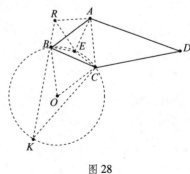

图 28

评析：此题的第 2 问和例 4 的第 3 问类似，都是先探究猜想三条线段之间的关系，然后反向构造等边三角形的手拉手模型．其中此题的第 3 问，更是在第 2 问的思维基础上，给出三条不在同一个三角形中的线段的关系，利用手拉手模型结论进行等量转换，然后结合勾股定理的逆定理确定角度值，进而推导出关于圆弧的动点定值的路径长度．整个几何构图与图形变换，层层递进，如抽丝剥茧，让人回味无穷．

【例 6】

（2019 年黄冈中学自主招生预录考试第 17 题）阅读下面材料：

小伟遇到这样一个问题：如图 29，在 $\triangle ABC$（其中 $\angle BAC$ 是一个可以变换的角）中，$AB = 2$，$AC = 4$，以 BC 为边在 BC 的下方作等边 $\triangle PBC$，求 AP 的最大值．

小伟是这样思考的：利用变换和等边三角形将边的位置重新组合．他的方法是以点 B 为旋转中心将 $\triangle ABP$ 逆时针旋转 $60°$ 得到 $\triangle A'BC$，连接 $A'A$，当点 A 落在 $A'C$ 上时，此题可解（如图 30）．

请你回答：AP 的最大值是_____．

参考小伟同学思考问题的方法，解决下列问题：

如图 31，等腰直角 $\triangle ABC$，边 $AB = 4$，P 为 $\triangle ABC$ 内部一点，求 $AP + BP + CP$ 的最小值．

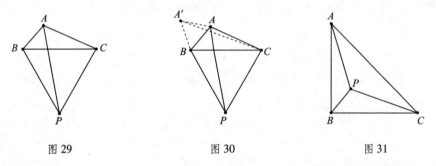

图 29　　　　　　　图 30　　　　　　　图 31

解析：（1）如图 30，由已知易得 $\triangle A'BA$ 是等边三角形，所以此题的图形背景就是等边 $\triangle BCP$ 和等边 $\triangle A'BA$ 构造的手拉手模型，$\triangle ABP \cong \triangle A'BC$，$A'C = AP$．由 $AC + AA' \geq A'C$，当且仅当 A'，A，C 三点共线时取"="，即 $AP = A'C \leq 6$，所以 AP 的最大值为 6．

（2）如图 32，以 B 为中心，将 $\triangle APB$ 逆时针旋转 $60°$ 得到 $\triangle A'P'B$，则图形的背景其实就是等边 $\triangle BPP'$ 和等边 $\triangle BAA'$ 构成的手拉手模型，$\triangle BAP \cong \triangle BA'P'$，易得

$PA + PB + PC = P'A' + PP' + PC \geq CA'$，当且仅当 A'，P'，P，C 四点共线时取"$=$"．过 A' 作 $A'D$ 垂直 CB 的延长线于点 D，易知 $\angle A'BD = 30°$，由 $A'B = AB = 4$，则 $A'D = 2$，$BD = 2\sqrt{3}$，$CD = 4 + 2\sqrt{3}$，在直角 $\triangle A'DC$ 中，由勾股定理可得 $A'C = 2\sqrt{2} + 2\sqrt{6}$，所以 $AP + BP + CP$ 的最小值为 $2\sqrt{2} + 2\sqrt{6}$.

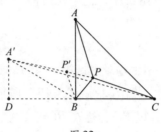

图 32

评析：此题大的图形背景还是手拉手模型下的全等，但是探讨的问题已经由三条线段的确定关系发展为三条线段之和的不定关系．它背后的意义由基本的手拉手模型与几何图形旋转变换间接地触及并探索了几何中经典的费马点问题．

3. 与翻折变换、旋转变换、相似变换等有关的综合探究

图形的翻折变换、旋转变换、相似变换等有关的综合探究问题一直是各个省市中学生学习的重难点问题，也是中考数学的热频考点．这类问题主要考查学生对于几何图形的直观感受以及对于几何不同性质之间关联性的灵活把控，试题难度很大．同时，此类问题往往一题多解，很锻炼学生的思维．

【例7】

（2018 年四川绵阳中学实验学校自主招生第 11 题）如图 33，在 Rt$\triangle ABC$ 中，$\angle ABC = 90°$，$AB = BC = \sqrt{2}$，将 $\triangle ABC$ 绕点 C 逆时针旋转 $60°$，得到 $\triangle MNC$，连接 BM，则 BM 的长是（　　　）

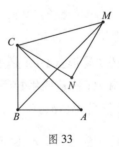

图 33

A. 4　　　　　B. $\sqrt{3} + 1$　　　　　C. $\sqrt{3} + 2$　　　　　D. $\sqrt{7}$

解析：法一：如图 34，连接 AM，易得 $\triangle ACM$ 和 $\triangle BCN$ 为等边三角形，所

以图形中存在手拉手全等模型，即 $\triangle CBA \cong \triangle CNM$. 又由已知的条件易得 $\triangle MCB \cong \triangle MAB$，$BM$ 垂直平分 AC，$BO = \dfrac{1}{2}AC = 1$，$OM = CM \cdot \sin 60° = \sqrt{3}$，$BM = BO + OM = 1 + \sqrt{3}$，故选 B.

法二：如图 35，作等腰直角 $\triangle ABC$ 和 $\triangle MNC$ 分别关于直线 CB 和 CN 的对称图形，得 $\triangle EBC$ 和 $\triangle FNC$，连接 EN，易得 $\triangle ECN \cong \triangle MCB$，则 $EN = BM$. 再过点 N 作 EC 的垂线，垂足为 H，由已知得 $CN = CB = \sqrt{2}$，$EC = 2$，$\angle NCH = 75°$，所以 $CH = NC \cdot \cos 75° = \dfrac{\sqrt{3}-1}{2}$，$NH = NC \cdot \sin 75° = \dfrac{\sqrt{3}+1}{2}$，则 $EH = EC + CH = \dfrac{\sqrt{3}+3}{2}$，在直角 $\triangle ENH$ 中，$EN = 1 + \sqrt{3}$，所以 $BM = 1 + \sqrt{3}$.

法三：如图 36，连接 BN，过 M 作直线 BN 的垂线，垂足为 G. 由已知易得 $BN = MN = \sqrt{2}$，$\angle MNG = 30°$，所以在直角 $\triangle MNG$ 中，$MG = \dfrac{\sqrt{2}}{2}$，$NG = \dfrac{\sqrt{6}}{2}$，所以 $BG = \sqrt{2} + \dfrac{\sqrt{6}}{2}$，在直角 $\triangle BMG$ 中，$BM^2 = BG^2 + MG^2$，则 $BM = 1 + \sqrt{3}$.

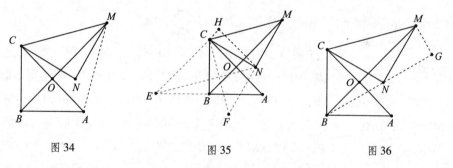

图 34　　　　　　　图 35　　　　　　　图 36

评析： 法一的图形中存在以等边 $\triangle BCN$ 和等边 $\triangle ACM$ 构造的手拉手模型，在这个模型下结合图形的对称性全等，解答特殊直角三角形中的边角关系. 法二是先利用图形的对称性构造了由等腰直角 $\triangle ECA$ 和 $\triangle FCM$ 构成的手拉手模型，然后利用 $\triangle CNE$ 和 $\triangle CBM$ 的对称全等进行等量转化求值. 法三是先观察图形特点，添加辅助线，解特殊的三角形直接得到答案.

【例 8】

（2019 年黄冈中学自主招生预录考试第 23 题）

如图 37～39 所示，四边形 $ABCD$ 为正方形，$\triangle EBF$ 为等腰直角三角形，且 P 为 DF 的中点.

(1) 当 B, E, C 在同一条直线上时，直接猜想 PE, PC 的位置关系和 $\dfrac{PE}{PC}$ 的值.

(2) 当 B, E, C 不在同一直线上时，（1）中给出的结论是否成立？若成立，请给出证明，若不成立，请说明理由.

(3) 将 $\triangle EBF$ 绕点 B 顺时针旋转角度 α（$0° < \alpha < 90°$），$BE = 1$，$BC = \sqrt{2}$，当 D, E, F 三点共线时，求 DF 的长和 $\tan \angle ABF$.

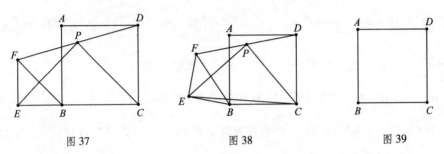

图 37   图 38   图 39

解析：（1）如图 40，过 P 作 $PH \perp EC$，垂足为 H，易知 H 为线段 EC 的中点. 由梯形的中位线性质易得，$2PH = EF + DC = EB + BC = EC = 2HC = 2HE$，所以 $\triangle EPC$ 是等腰直角三角形，则 $PE \perp PC$，且 $\dfrac{PE}{PC} = 1$.

（2）法一：结论依然成立. 如图 41，延长 EP 到 H，使得 $PE = PH$，连接 DH，CH. 过 E 作直线 MR 垂直于直线 BC 于 R，同时延长 CD 到 N，则易得 $\triangle EPF \cong \triangle HPD$，$EF = DH = EB$，$\angle FEP = \angle DHP$，所以 $EF // DH$. 又知 $MR // CN$，所以 $\angle MEF = \angle NDH$，$\angle MEF + \angle BER = \angle BER + \angle EBR = 90°$，则 $\angle MEF = \angle EBR = \angle NDH$，$\angle EBC = \angle CDH$，所以 $\triangle EBC \cong \triangle HDC$，则 $CE = CH$，$\angle ECB = \angle HCD$，所以 $\triangle ECH$ 为等腰直角三角形，结合 $PE = PH$ 可知，$PE \perp PC$，且 $\dfrac{PE}{PC} = 1$.

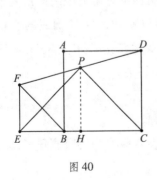

图 40

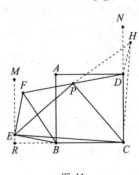

图 41

法二：如图 42，连接 BD，作等腰直角 $\triangle EBF$ 和 $\triangle DBC$ 分别关于直线 BE，BC 的对称图形 $\triangle EBM$ 和 $\triangle BCN$，连接 MD 和 FN，且相交于点 G. 所以图形中存在由等腰直角 $\triangle MBF$ 和 $\triangle DBN$ 组成的手拉手模型，$\triangle MBD \cong \triangle FBN$，所以 $MD = FN$，$MD \perp FN$. 又 E，P，C 点分别是线段 FM，FD，DN 的中点，则 $PE /\!/ DM$，$PE = \dfrac{1}{2}DM$，$PC /\!/ FN$，$PC = \dfrac{1}{2}FN$，所以可知 $PE \perp PC$，且 $\dfrac{PE}{PC} = 1$.

法三：如图 43，先令 $\triangle PEC$ 是以 P 为直角顶点的等腰直角三角形，然后证明 P 点在线段 DF 的中点处. 作 $\triangle EBC$ 关于直线 EC 的对称图形 $\triangle EB'C$，连接 $B'P$. 易知 $EB = EB' = EF$，$\angle BEC = \angle B'EC$，$\angle CEP = 45°$，$\angle BEF = 90°$，所以 $\angle B'EP = 45° - \angle B'EC = 45° - \angle BEC = \angle FEP$，则 $\triangle B'EP \cong \triangle FEP$，那么 $PF = PB'$，$\angle FPE = \angle B'PE$. 同理，$\triangle B'CP \cong DCP$，则 $PD = PB'$，$\angle DPC = \angle B'PC$. 那么 $PF = PB' = PD$，$\angle FPD = \angle FPE + \angle B'PE + \angle DPC + \angle B'PC = 2$ $(\angle B'PE + \angle B'PC) = 2\angle EPC = 180°$，所以可知 P 点在线段 DF 的中点处.

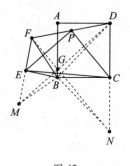

图 42

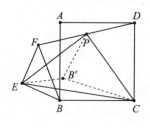

图 43

（3）如图 44，连接 BD，由已知易得 $BD = 2$，$BE = 1$，所以 $\cos \angle DBE = \dfrac{1}{2}$，$\angle DBE = 60°$，$\angle DBF = \angle DBE - \angle FBE = 15°$，$\angle ABF = \angle ABD - \angle DBF = 30°$，所以 $\tan \angle ABF = \dfrac{\sqrt{3}}{3}$，$DF = DE - EF = \sqrt{3} - 1$.

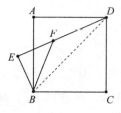

图 44

评析：第一问是关于直角梯形中位线性质的简单应用．第二问的法一补全图形后可以看出是由等腰直角 $\triangle BCD$ 和 $\triangle ECH$ 组成的手拉手模型，以及相应模型下的图形变换和构造；第二问的法二补全图形后可以看出是由等腰直角 $\triangle MBF$ 和 $\triangle DBN$ 组成的手拉手模型，以及手拉手模型基础结论和中位线性质的运用；第二问的法三将题目条件和结论进行等价互换，变为一道证明三点共线的题目．将原有的静态证明两条线段之间的关系，推广延伸到不论 $\triangle BEF$ 旋转到什么位置，线段 DF 上必存在一点（DF 的中点），使得 $\triangle PEC$ 为等腰直角三角形．第三问是解特殊的直角三角形，其中 $\triangle BEA$ 和 $\triangle BFD$ 之间存在旋转变换和相似变换的关系，所以第三问可以推广探究关于线段 AE 的问题．

【例9】

（2019 年温州中学自主招生第 17 题）如图 45，$\triangle ABC$ 中，$\angle BAC = 60°$，$AB = 2AC$．点 P 在 $\triangle ABC$ 内，且 $PA = \sqrt{3}$，$PB = 5$，$PC = 2$，求 $\triangle ABC$ 的面积．

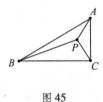

图 45

解析：法一：如图 46，由例 6 的第 2 问类比可知，作 $\triangle ABQ$，使得 $\angle QAB = \angle PAC$，$\angle ABQ = \angle ACP$，则 $\triangle ABQ \backsim \triangle ACP$．由 $AB = 2AC$，可得 $\triangle ABQ$ 与 $\triangle ACP$ 相似比为 2，$AQ = 2AP = 2\sqrt{3}$，$BQ = 2CP = 4$，$\angle QAP = \angle QAB + \angle BAP = \angle PAC + \angle BAP = \angle BAC = 60°$．又由 $AQ : AP = 2 : 1$ 知，$\angle APQ = 90°$，于是 $PQ = \sqrt{3}AP = 3$，$BP^2 = 25 = BQ^2 + PQ^2$，从而 $\angle BQP = 90°$．过 A 点作 $AM /\!/ PQ$，延长 BQ 交 AM 于点 M，则四边形 $APQM$ 是矩形，所以 $AM = PQ$，$MQ = AP$，$AB^2 = AM^2 + (QM + BQ)^2 = PQ^2 + (AP + BQ)^2 = 28 + 8\sqrt{3}$，则 $S_{\triangle ABC} = \dfrac{1}{2}AB \cdot$

$AC\sin 60° = \dfrac{\sqrt{3}}{8}AB^2 = 3 + \dfrac{7\sqrt{3}}{2}$．

法二：如图 47，作 $\triangle APB$，$\triangle APC$，$\triangle BPC$ 分别关于直线 AB，AC，BC 的对称图形 $\triangle ADB$，$\triangle AEC$，$\triangle BFC$，并连接 DE，DF．由已知易得 $\triangle ABC$ 为直角三角形，$\triangle BDF$ 为等边三角形，$DF = BD = BP = 5$，$S_{\triangle BDF} = \dfrac{\sqrt{3}}{4}DF^2 = \dfrac{25\sqrt{3}}{4}$．

$\triangle ADE$ 是顶角为 $120°$ 的等腰三角形，$AD = AE = AP = \sqrt{3}$，$DE = 3$，$S_{\triangle ADE} = \frac{1}{2}$

$AD \cdot AE \cdot \sin 120° = \frac{3\sqrt{3}}{4}$. 在 $\triangle DEF$ 中，E，C，F 三点共线，$CP = CE = CF = 2$，

$EF = 4$，$DE = 3$，$DF = 5$，所以 $\triangle DEF$ 是直角三角形，$S_{\triangle DEF} = \frac{1}{2} ED \cdot EF = 6$. 则

五边形 $ADBFE$ 的面积 $S = S_{\triangle BDF} + S_{\triangle ADE} + S_{\triangle DEF} = 6 + 7\sqrt{3} = 2 S_{\triangle ABC}$，所以 $S_{\triangle ABC} =$

$3 + \frac{7\sqrt{3}}{2}$.

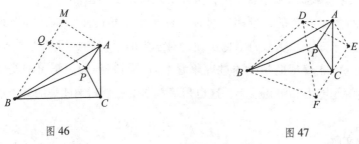

图 46　　　　　　　　　　　　图 47

评析： 法一的图形变换过程其实就是将 $\triangle APC$ 绕点 A 顺时针旋转 $60°$，同时结合已知将线段长度进行相似比为 2 的相似变换. 与例 6 的第 2 问相比，此次图形变换多了一个相似变换，在原有的手拉手模型构图变化中，进行了更深层次的研究. 这种相似变换和旋转变换的综合变换方式，也是证明托勒密定理的重要方法. 法二的解法延续了手拉手模型中的对称变换思想，将原有的图形面积扩大 2 倍，通过解答新构造的特殊三角形来解答题干的问题.

三、教学启示

1. 理解图形构造本质，强化对图形有关模型的认知

几何是初中数学知识网络的重要组成部分，在中考的考查中也是占了分值的大头，所以教师在几何章节授课时，给学生呈现的不仅仅是每个静态的几何图形，还应该以一种动态的作图角度引导学生识别图形是如何由无到有进行构造的，以及在构图的过程中相关的边角的特殊位置关系是如何调控的. 同时，在构图的过程中，如果涉及到某些几何模型，应该让学生认识到相应模型的基础特征，在已有的模型上把握主干信息，一些对解决问题无关的条件和信息可以暂时性屏蔽以排除干扰，进而顺利解决问题. 只有在动态作图方面让学生多加感受，把握住主干信息，学生在学习的过程中才能避免死记硬背，做到举一

反三.

2. 总结基础的应用模型，探究几何知识间的关联性

通过手拉手模型在中考压轴题中的综合应用，我们发现压轴题中不仅有一般的几何模型做为大的背景，它还会和勾股定理及其逆定理，圆弧路径，相似变换，对称变换结合在一起进行深入考查. 这就需要学生在平时的学习中先总结好基础的几何模型，然后能够熟练地将代数语言信息和几何语言信息进行灵活转化，并能够稳妥地衔接住不同模型间线段和角度的关系，只有这样才能搭建稳健的知识脉络，做到厚积薄发.

3. 归纳一题多解和多题一解，加深对几何知识的领悟

与几何模型有关的一题多解可以帮助学生多角度全面地认知题型的特征，打破学生对于知识和题型的固化认知，对学生的研究和探索能力要求很高. 同时，多题一解能够帮助学生透过现象看本质，回归到知识学习的基本出发点，提高学生解题能力和解题效率，这也是培养学生总结归纳能力的好方法.

参考文献：

[1] 张奠宙，沈文选. 中学几何研究 [M]. 北京：高等教育出版社，2006.

[2] 单墫. 平面几何中的小花 [M]. 上海：上海教育出版社，2002.

[3] 黄家礼. 几何明珠 [M]. 北京：科学普及出版社，1997.

几种小学数学教学方法的有效性探究

佛山晓培优教育科技有限公司　常政波

作者简介

常政波，男，1994 年出生，山西运城人，毕业于湖南大学，常年从事佛山小学数学教学工作．主要研究方向：小学数学教学中的复合式教学，小学数学中故意式教学法的妙用．

一、亲密式教学法

1. 亲密式教学法的重要性

很多有经验的老师在经过长时间的授课往往会发现，学生进步的一个重要因素是老师和学生之间的亲密度．

为什么亲密度很重要呢？我做了以下两个方面的调查．

（1）在佛山某学校的调查中发现，前 50 名学生 100% 认为自己和老师亲密度很高，而在前 100 名学生中这个比例降低到了 87%．

（2）在线上使用问卷随机调查了 157 位家长，有 96% 的家长认为学生和老师的亲密度对学习非常重要，有 4% 的家长认为亲密度只能作为一个辅助．

从以上的数据可以看出，排名靠前的学生往往和老师的亲密度较高，而在人生阅历比较多的家长眼中，亲密度则是一个更加重要的因素．经过分析，这其中主要的原因在于家长往往参加工作较久，对人际关系的重要性感同身受．如果老师和一个学生的亲密度足够的高，甚至到了老师想让这个学生进步的地步，那么这个学生大概率会进步的．

2. 如何提升师生之间的亲密度

那老师怎样通过教育提升和学生的亲密度呢？我们可以把学生分为以下四类：

（1）学习成绩好，品性优良的学生．

（2）纪律很差，叛逆的学生．

（3）思维活跃，但是上课往往不按照老师步骤的学生．

（4）刻意和老师反向走的学生．

第一类学生从教育规律来讲，亲密度我们不用过于担心，会自然形成．下面的三类学生，作为老师，我们要做的就是私聊，告诉他被老师夸奖的关键是"做出改变"，他们之前越调皮越容易提升和老师的亲密度，例如第二类学生，其实学生的叛逆是为了引起老师的注意，那我们就从这个地方入手，切记一定要私下告诉他，只要你如何如何，我就夸你，到后面其实我们会发现，学生做出改变以后，老师会忍不住地夸他，最后学生成绩的进步往往令你吃惊．第三类学生的主要问题其实是不会上课，老师可以私下教会他怎么上课，从而能够夸奖他以提高亲密度．第四类同学和第二、三类基本类似．

经过总结，我们发现亲密式教学法的核心在于老师不是在教学生学习，关键在于教学生如何正确上课，从而获得老师足够的夸奖，最后获得进步，我认为此类方法是学习之外的一个最重要的教学方法．

二、故意式教学法

1. 故意式教学法存在的应用意义和重要性

故意式教学法是老师们在传授知识过程中发现的一个比较有效的方法，它的本质是反向思维，这种方法的主要逻辑是在教授知识过程中通过"故意"说错或说反引导学生发现错误，从而达到巩固知识的方法．这种方法在实践过程中可以引导学生思考，调动学生学习的积极性，让学生打破思维定局．用学生的一句话来讲就是"真理不在于死定局的习惯．"

那么故意式教学法有何存在的意义和重要性？

（1）在传统教学中，我们在教授知识过程中，往往会引导学生正向思维，让学生强行去接受一些易错点，例如，我们在教授一道难题时，这道题往往学生是不会的或者易错的，如果老师一味按照顺序讲解，学生往往很难参与进来，但是如果在其中某些环节故意说错一些显而易见的易错点，然后被学生发现并指出来，往往可以提升学生的参与感，提高学生自信的同时加深对易错点的认识，以达到较好的教学效果．

（2）故意式教学法还可以用来弥补老师的一些错误，在长期的授课中，老师难免会出现一些知识讲解上的错误，那这个时候故意式教学法可以非常神奇地缓解老师的尴尬，并且达到活跃课堂的作用，当老师讲错时，适时说一句"我是故意讲错的，主要是为了让你们巩固易错点"，既起到了缓解尴尬的作用，还可以让课堂气氛活跃．

2. 故意式教学法的巩固知识的运用

【例1】

某小学少先队员组织同学为"希望小学"捐献图书，高年级捐献的本数是其他年级捐献本数的 $\frac{1}{3}$，中年级捐献的本数是其他年级捐献本数的 $\frac{1}{5}$，低年级捐献的本数比中年级多50本．该小学同学共捐献图书_____本．

解析： 高年级：全部的 $\frac{1}{3+1}$，中年级：全部的 $\frac{1}{5+1}$．

学生在做这种类型的题目多了之后往往会误以为只要碰到此类题目就是在分母加1求分率，但其实是份数思想，高年级：其他年级 $=1:3$，所以是4份中的1份，高年级是全部的 $\frac{1}{3+1}$，中年级：其他年级 $=1:5$，所以是6份中的1份，中年级是全部的 $\frac{1}{5+1}$，然后求出低年级的分率是全部的 $\frac{7}{12}$，从而知道中年级和低年级的分率之差是 $\frac{5}{12}$，用50相除即得到最后的答案．

这里我们可以利用学生做题的惯性，在讲解这个题目时在以下地方设置故意出错的地方．

【例2】

某小学少先队员组织同学为"希望小学"捐献图书，高年级捐献的本数是其他年级捐献的 $\frac{2}{3}$，中年级捐献的本数是其他年级捐献本数的 $\frac{3}{5}$，低年级捐献的本数比中年级少72本．该小学同学共捐献图书_____本．

解析： 我们可以说中年级的捐献的本数是其他年级的 $\frac{2}{3+1}$，之后停顿5

秒钟看学生们的反映，如果有学生指出有错误，应该是 $\dfrac{2}{3+2}$，这个时候我们反映强烈，总结易错，然后讲解本质原因是份数思想，如果没有人回答，那老师就多停顿一下，反复提问"同学们认为刚才我说的话还有没有错误"，学生答出之后我们再进行总结，这样上课印象非常深刻，还可以增强学生的自信心.

按照学生的话来说，我们在教授知识中反复运用此类幽默的方法，让学生不断、反复、精细地思考，间接地增强学生的自信心；故意出错，打破思维定局；放下自己的架子，让学生进步. 真理越辨越明，通过对错误进行论证来找出正确的方法，延伸出更广阔的思路，引导学生学会对老师，对权威提出质疑，并勇于提出自己的想法.

3. 故意式教学法某些特定场景的运用

当然我们老师偶尔真的出错被学生指出后，利用此类方法也可以很好地带动课堂氛围，而且不会对老师的权威产生影响，学生反而非常喜欢. 我们可以通过一道实际例题来看：

【例3】

用一块面积是 28.26 平方厘米的长方形铁皮，围成一个圆柱体形，它的底面周长是 9.42 厘米，如果要制成有盖子的圆柱体形铁盒，至少要增加多少平方厘米的铁皮？这个铁盒的体积是多少立方厘米？

解析：长方形铁皮围成一个圆柱体形，说明 28.26 平方厘米是圆柱体的侧面积，则圆柱体的高是 $28.26 \div 9.42 = 3$（厘米），底面半径是 $9.42 \div 3.14 \div 2 = 1.5$（厘米），

一个底面面积：$3.14 \times 1.5^2 = 7.065$（平方厘米）.

要增加铁皮：$7.065 \times 2 = 14.13$（平方厘米）.

铁盒的体积：$7.065 \times 3 = 21.195$（立方厘米）.

讲解这个题的时候，老师因为失误把半径求成了 3 厘米，因为 9.42 是 3.14 的 3 倍，在经过一系列过程讲解时，学生指出了问题所在是半径求错了，如果这个时候老师说是因为自己出错，那必然会导致老师的权威下降，在学生之间老师的印象下降，非常不利于之后的教学. 那这个时候比较好的处理方法就是利用故意式教学法，可以说"我就故意说错的，就要看看谁能发现."那这个时候没发现的同学会觉着这里印象深刻，自己去做就不容易出错，发现的同学也会觉着这种方法非常有趣，从而形成一个非常好的教学氛围.

三、结束语

我们在生活中也会把人的脑力分为"智商"和"情商",工作分为"工作能力"和"人际沟通",上述的两个方法也是将学生学习分为"提高师生亲密度"和"改变教学方法",我们不仅要提升与学生之间的亲密度,也要适时采用不同的教学方法来让学生获得不同的教学体验.

小学生数学审题中存在的问题、成因与教学建议

——基于"加减两步计算问题解决"测查结果的分析

广东省清远市连南瑶族自治县教育局 蓝海鹏

作者简介

蓝海鹏，男，1978 年 12 月出生，广东省清远市连南县人，广东省第二批骨干教师，初中数学高级教师，主要研究方向为小学和初中数学教材教法研究．

一、问题提出

经常听小学和初中数学老师唉声叹气地说：应用问题不好教，学生学得很糟糕，教师教得好辛苦．现状真的如此吗？笔者带着疑问展开测查：在县城三所小学二、四、六年级各随机抽取一个班，每班人数在 40～46 人之间，调取最近进行的有关应用问题教学单元测试成绩，分别对加减两步、乘除两步、分数混合运算应用问题各 5 道基础题进行统计，及格率分别是 40%、38% 和 32%．然后在县城和农村各选一所学校分别随机抽取七年级三个班，每校人数分别为 150 和 140 人，在七年级上学期期末考试前两周（此时已学习七年级一元一次方程应用题），选择五六年级数学课本应用问题进行测查，及格率分别是 42% 和 34%．统计结果印证了数学老师的说法，也找到了问题所在：学生审题出现问题．这样的现状令人担忧．

对于应用问题，各版本教材都遵循从一步到两步再到三步，从整数到小数再到分数（百分数），从简单结构到复杂结构的原则是循序渐进的．一步应用问题比较简单，主要在理解加减乘除运算意义基础上，认真审题，识别清楚运算模型即可．而两步应用问题虽然比一步应用问题多了一步，

但因出现中间问题而让审题变得困难很多，解决难度增加了不少．两步应用问题是学习三步及其他更复杂应用问题的基础，很多学生因为两步应用问题没有学好，导致后面应用问题越学越差．为剖析小学生审题存在的问题，探寻突破策略，笔者以"加减两步计算应用问题解决"的审题作为研究对象，对连南县城 3 所学校，每校选出两个班，共计 240 人，进行后测（11 道题），测试后每校选取优中差三个层次学生各 5、10、5 人进行访谈．本文结合此次测查及访谈深入分析，并进行了后续教学实践，现将研究所得整理成文，与同行分享．

二、审题存在的主要问题及原因分析

测查结果显示，对于诸如"某校三（1）班有男生 25 人，男生比女生多 5 人，该班共有学生多少人"的问题，大部分学生能够理解"25 人"所代表的意思，知道已知条件有"男生 25 人"和"男生比女生多 5 人"，知道所求问题是"该班共有学生多少人．"72.1% 的学生采用圈画已知数据和关键词的方式辅助审题．比如，学生把诸如"男生 25 人"等已知量用铅笔圈起来；在诸如"比女生多 5 人"中的"多 5 人"圈起来，并在"共""多"等关键字词上方写上"＋"号．学生审题存在的主要问题有哪些？其原因是什么？

1. 习惯以关键词确定运算类型

从学生答卷看，学生审题容易受到关键词的影响，看到"多"就用加，如看见"比……少""还剩"就用减．如"男生 25 人，女生比男生多 5 人"，求女生人数列式正确率为 71.9%．而"男生 25 人，比女生多 5 人"，求女生人数列式正确率仅为 8.5%，54.2% 的学生列出"25 ＋ 5 ＝ 30"的错解式．有的把"比女生多 5 人"看成是"女生多 5 人"，或认为是"女生"人数．

由此可见，出错学生并非弄不懂"……比……多""……比……少"这样的句式所表达的意思，而是没有弄清楚关键句中谁是标准量，谁是比较量，谁大谁小．学生对与其他对象有关联的数据，尤其是对比数据弄不明白，说不清楚，这是被调查学生解决应用题出错率高的根本原因．本应在一步应用题教学时就该解决的问题，这时还存在这样的错误，也说明教学时，对关键句子的意义理解得还不够透彻，对借助适当手段让学生真正理解"……比……多（少）"这种句式的含义还不够深入，有的教师直接教学生看关键词来选用运算符号．

2. 受已知条件暗示误导

"某校三（1）班有学生 50 人，其中男生 21 人，问女生比男生多几人？"本题正确率仅为 14.6%，72.9% 的学生没看题目所要求的问题．看到前面两个条件就计算女生人数．访谈时，问他们所列算式 50－21 是什么意思时，学生能回答这是女生的人数．再问题目要求什么，学生再次读题后，能够说出正确结果．这说明不少学生在审题时粗心大意，只看条件而忽略题目需要解决的问题．这说明教学时，在理解已知条件与问题之间的关系方面做得还不够，在培养认真审题的良好习惯方面还需要加强．

3. 受到题目无关信息干扰

在测试题"某校三（2）班有学生 50 人，女生比男生多 2 人，问三（2）班有女生多少人？"中加入"三（3）班学生比三（2）班学生少 2 人"这一条件，正确率从 93.8% 降到 60.4%．两道题基本结构相同，都属于加减两步计算应用题，但后者多了一条干扰信息．这说明题目多余信息干扰部分学生审题，反映出这部分学生没有真正理解条件和问题之间的逻辑关系．这也说明教学时，对学生的以下训练仍不足：找出题目的已知条件和待解决的问题，让学生明晰哪些条件对问题解决是直接相关的，哪些是间接关联的，哪些是无关的．

4. 受到题目数量关系复杂程度影响

表 1　题目数量关系复杂程度

题号	类型	已知与未知	解题思路	数量的逻辑关系	数量关系复杂程度	正确率
1	减法一步	已知总量和其中一个量，求另一个量				93.8%
6	连减两步	已知总量和两次减去的量，求剩余量	直接相加减	总体与部分的关系	数量关系比较简单	88.5%
10	加减两步	已知总量、一次加上的量和一次减去的量，求剩余量				83.4%

续 表

题号	类型	已知与未知	解题思路	数量的逻辑关系	数量关系复杂程度	正确率
2	连加两步	给出其中一个量以及这个量与另一个量的关系，求这两个量的和	先求出另一个量，再求两个量的和	两个对象的逻辑关系，是数量的一次比较	需要先求隐含的中间问题，均存在"比较"的数量关系，数量关系变得复杂	19.8%
3	减加两步					18.8%
5	连减两步	给出总量和其中一个量，求两个量的差	先求出另一个量，才能求两个量的差			14.6%
8	连减两步	给出两个量的和以及其中一个量，再给出前面两个量中的另一个量与第三个量的关系，求第三个量	先求出另一个量，再求第三个量	三个对象的逻辑关系，是数量的二次比较		10.4%

从表 1 可知，两步应用问题比一步应用问题正确率低，数量的逻辑关系从单一到多个对象，正确率在不断降低．访谈时，当问学生题目数量之间的关系时，大部分学生不能准确地理解和正确地表述．以上说明题目的数量关系复杂程度增大，学生审题的难度就会增大，错解率也随之增大．主要原因：一是对复杂数量关系的理解存在困难．二是两步计算应用问题与一步计算应用问题转化能力薄弱．这说明教学时，在数量关系直观表征、两步与一步转化训练、寻找中间问题等方面还做得不充分．

5. **受到题目思维正逆向的影响**

本次测试的第 1、6、10 题是有代表性的顺思维题，正确率分别为 93.8%，88.5%，83.4%．而第 7 题"15 路公交车到站了，前门下车的有 18 人，后门下车的有 3 人，车上还剩 26 人，原来车上有多少人？"题目不是"车上原有→下车（上车）→下车（上车）"求车上现有人数的模型，而是"下车→下车→车上还剩"求车上原有人数的模型，属于为逆思维题．错解率达到 50.2%，他们所列的算式是否体现某种审题逻辑？

表2　解答错误的学生审题逻辑

学生所列算式	百分率	分析
26 − 18 − 3 = 5	20.8%	按照"上车"用加法,"下车"用减法的惯性思维模式,这里两次都是"下车",而且看到题目中有"还剩"两个字,所以必须用减法,用什么减呢?学生试图要找到一个大数去减"下车"的两个数,刚好"26"可以减去两个数,所以这样列式
47 − 18 − 3 = 26	4.2%	有学生逆过来思考,从已有思维模式"车上原有人数 − 下车人数 − 下车人数 = 剩下人数"中,推想出"车上原有人数",从而列出"47 − 18 − 3 = 26"这样的算式

从表2可知,这部分学生所列算式有着他们各自的理解,看不出什么逻辑顺序,但能够看出他们对于题目意思没有正确理解. 解答正确的48.8%学生的审题逻辑又是怎样的呢?

表3　解答正确的学生审题逻辑

学生所列算式	百分率	算式体现的思维顺序	简写
18 + 3 + 26 = 47	32.1%	按数据出现的顺序列式计算,即依次从第一个出现的数据到第三个数据	1→2→3
18 + 26 + 3 = 47	1.0%	列算式时,先写第一个出现的数据,再到第三个出现的数据、第二个出现的数据	1→3→2
26 + 3 + 18 = 47	4.2%	列算式时,先写第三个出现的数据,再到第二个出现的数据、第一个出现的数据	3→2→1
26 + 18 + 3 = 47	11.5%	列算式时,先写第三个出现的数据,再到第一个出现的数据、第二个出现的数据	3→1→2

从算式可以洞察学生的思维:他们是按照题目依次呈现的三个数据,不同的学生把这三个数据写在连加算式的不同位置. 其中,32.1%的学生按数据出现的顺序列式计算,即依次从第一个数据到第三个数据.

综上可知，逆思维题确实或大或小地影响着学生审题．没有弄清楚数量之间的逻辑关系是导致审题出现问题的最主要原因之一．从中也发现一个规律：同一道逆思维题，不同学生会审出不同的思维方向，这反映出学生的学习过程与结果具有差异性和个性化的特点．同时，也说明教学中对正逆思维训练、组织学生探讨算法多样化及优化方面还需要适当增加力度．

6. 受到题目呈现方式的影响

测试第 2 题"某校三（1）班有男生 25 人，女生比男生多 5 人，该班共有学生多少人？"是用文字表述题意的，第 11 题据此用线段图表示，第 11 题和第 2 题的正确率分别为 19.8% 和 3.1%．访谈时，改变第 2 题呈现方式，即以人物对话情境方式呈现数据和问题，结果被访谈的学生都能正确理解题意并计算出来．由此可知，学生做纯文字题和线段图题时显得比较吃力，情境对话题更利于学生审题．主要原因：一是学生审题受到识字水平制约，二是学生在这一年龄阶段的认知特点——直观化．

7. 不善于使用辅助手段审题

统计显示，尽管测试题要求学生在题目旁画草图分析，但采用画示意图、线段图等图形辅助审题的测试卷非常有限．访谈时，极少学生提及借助图式来辅助审题，访谈教师查阅学生平时作业，情况也是如此．这说明学生不善于用画图法辅助审题，教师对采用图示表征等手段辅助理解题意，通过直观表征数量关系寻找解题灵感和思路等方面不够重视．

8. 不善于运用分析法、综合法审题

第 9 题"某校三（1）班有男生 25 人，比女生多 5 人，该班共有学生多少人？"的第（5）问，"要求'该班共有学生多少人？'需要知道哪些条件"的测试意图是看看学生是否会用分析法探寻解题思路．该题正确率只有 5.2%．访谈时的情况略好一些．

表 4　学生测试情况

回答类型	填写内容	百分率	分析
类型 1	随便在题目中找一句话填上去或留空	约 55.6%	不理解题意，不理解这道题问什么问题，或不知道如何表述等
类型 2	"男生 25 人，比女生多 5 人"等	约 27.7%	这部分学生直接把已知条件填写上去，没有经过任何加工

回答类型	填写内容	百分率	分析
类型3	"女生有多少人"等	约11.5%	这部分学生是默认男生是已知的,只回答出解决这个问题最关键的问题——女生人数
类型4	"男生有多少人?女生有多少人",或"男生和女生的人数",或"男女生各有多少人""男生和女生的总数"等	约5.2%	完全正确,能够很明晰地说出解题的思路

以上数据说明,被测试学生不善于采用分析法探寻解题思路. 原因是学生平时解决问题时缺乏这方面训练,没有养成在问题解决前进行解题思路的规划,在解题后进行解题思路反思的习惯.

此外,在访谈时还了解到,农村学校一至二年级学生在期末考试时,监考教师要为学生读一次应用题的题目,再进行考试.

三、教学建议

什么是审题? 审题需要审到什么程度? 笔者带着问题开展了文献研究. "怎样解题表"用四个步骤引导人们经历解题的全过程,其中第一个步骤为"理解该题目",即"未知量是什么? 已知数据是什么? 条件有可能满足吗?"审题是正确解题的基础,是解题的一个重要步骤,通过审题收集信息、加工信息,熟悉题目并深入到题目内部去思考,去分析,我们就会找到问题解决的突破口. "学习运算是为了解决问题,不是单纯地为了计算而计算,为了解题而解题. 本单元的教学重点是问题解决,为了引导学生学会'从头到尾'思考问题,教科书分阶段展示了学生如何提取信息、如何思考问题、如何寻找计算方法的过程."潘红娟老师将"解决问题"的核心能力细化与分解为"阅读理解能力""策略应用能力""回顾反思能力". 其中包括"信息筛选""信息表征""信息联想"等能力,"一般策略应用能力"(数量关系的应用能力,分析法、综合法的解题思路应用能力),"特殊策略应用能力"(学生在解决问题过程中自觉并恰当运用列表、举反例、画图……寻找和建立模型等策略的能力). 由此,笔者认为审题要审明题目大意、审清条件结论、审通数量关系,这样才能顺利解决问题. 结合测查数据及分析,提出教学建议,并在农村、县城任教的6位一线教师经历一年教学实践基础上，进一步提炼出以下提高学生审题能力的有效做法．

1. 整体关照：通读题目，审明大意

数学审题就是弄清数学问题中字、词、句各自的数学意义以及他们之间的数学联系，运用数学语言翻译联系的关系，熟悉数学问题的情境．

（1）通读题目，大体上了解题目讲了一件什么事情，估计会涉及什么运算．审题应当"慢"：仔细、认真，多读几次，读懂、读完整题意．

（2）理解好题目中不熟悉的词汇的意思，确保理解题目大意．出现生僻字词或陌生事物时，应先让学生通过查资料、咨询等方式加以理解．

（3）要求学生读题后，用自己的语言表述题意，"题目讲的事情是……" "题目的数学信息有：知道……还知道什么，要求……"．教会学生如何从不同类型的题目中寻找数学信息，从中找出已知条件和需要解决的问题．农村学校教师在平时上课时可先读一次，学生跟读，然后放手，力争在二年级上学期时，学生能独立读题、复述题意、审题．

2. 图式表征：画出题意，外化数量

把题目意思用图画出来．把抽象、复杂的题目意思用直观的方式表征出来，这样不仅有助于理解题意，还可以外化题目数量内部关系，更好地让学生在看图思考中找到等量、发现思路．日常教学中，鼓励学生采用不同的方式审题，采用圈画题目、化文字为草图等形式直观表征数量关系，辅助理解题意，先从会口述题意做起，逐步发展为会标注题意，会用图画出题意．

（1）审明关键词义、句意．对于诸如"……比……多（少）"等句式，不能让学生产生如下思维定势：看见"多"就用加法，看见"少""还剩"就用减法．应让学生通过图式表征真正理解其中含义，弄清楚谁是标准量、谁是对比量，谁大谁小．

（2）审通数量关系．利用图式表征找到并理解已知与所求之间的内部逻辑关系．在图文中，发现与所求无关的已知条件，把握已知与所求联系最密切的关系．这个条件跟哪个条件有直接关系？哪两个条件组合起来就可以求出什么量？哪些条件对问题解决是直接相关的？哪些是间接关联的？哪些条件是无关的？这样不仅建立严谨有序的逻辑思维习惯，还可以避免受到无关信息、多余信息的影响，避免只看条件便主观臆断地猜测，萌生出问题，忽略题目真正需要解决的问题．

3. 深度分析：由表及里，发展思维

（1）审出解题思路

教会学生学会思考，明晰解决问题的基本步骤．学会在解答题目前，思考解题的思路，规划思路．从问题出发，"要求……，先求……，再求……"，即分析法．从条件出发，"已知……和……，可以求……，进而可以求……"，即综合法．当然，也可以把分析法和综合法配合使用．组织学生开展交流算法活动时，让各层次学生展示他们独特的解决问题的思路．解题后适时适当进行优化，以便学生在对比算法中提高思维的思辨性、灵活性和敏捷性．鼓励学生自我回顾、反思、总结解题的思路与方法．

（2）建立模型

传统教学把应用题单列一单元开展教学，重视分类型教学，新课程改革后把应用题分散到各领域，重视模型教学．因此，要淡化类型，注重抓好重点深入本质．对于应用问题来说，提取具体题目的数量关系模型是最重要的本质．教学时，应引导学生尝试建立常见的数量关系模型：总分关系、比较关系等．鼓励学生用不同的方法表示已知量和未知量（包括中间量）间的等量算式，如"男生比女生多5人"可以怎样列式？根据题目要求，从"男生－女生＝5"或"女生＝男生－5"或"女生＋5＝男生"三种列法中选择一个．

4. **精当转化：分层递进，拾阶而上**

适当的有层次的审题训练有助于各层次学生获得能力的提升．

基础训练： 一步应用题关键在于正确理解加减乘除的运算意义．两步应用题由一步发展而来，今后走向三步．因此，教学要加强一、二、三步应用问题之间的转化．"某校三（1）班原有男生25人，女生20人，该班共有学生多少人"变式为"某校三（1）班有男生25人，比女生多5人，该班共有学生多少人"或"某校三（1）班原有男生25人，女生比男生少5人，该班共有学生多少人"再变式为"某校三（1）班有男生25人，比女生多5人，现转入2人，该班共有学生多少人"．这一过程实际上经历了一步变两步，两步变三步的变化过程．在教学中，应适当进行这样的变式，从而有效培养学生寻找中间问题能力，沟通一二三步应用问题的联系，实现建构整体、有序的认知体系．

提高训练： 加强正逆思维训练．平时教学应注重算法的多样化，教师适时组织优化交流．

拓展训练： 通过拓展练习、学生自主编题等方式进一步发展学生创新能力．或告知题目的条件，要求写问题；或告知一个已知条件和问题，要求补充一个条件；或给出数量关系，让学生编题；或在课本完整例题的基础上，加入一个对象及数量，其他条件不变，问题也不变等．还可以让学有余力的学生进一步尝试三步计算解决问题的题目．

5. 合理选择：精选好题，合理呈现.

据统计，北师大版小学数学教材一至二年级乃至三年级大多为图文结合方式呈现题意，极少出现纯文字题. 二年级上册至年级三年级上册，共出现71道加减两步计算题，其中纯数字运算题仅11题，而情境题有60道. "题目的呈现方式应尽可能多样化，可以用情境图、表格、文字叙述等形式呈现数学信息". 因此要选用、编制适切学生年龄、学段特点的题目. 以情境问题为主要方式呈现题意. 同时，提供少量纯文字应用问题，逐步培养学生读纯文字题能力.

此外，应注意剔除表述有问题、学生不熟悉且难以理解的素材作为背景的应用问题. 选择多种类型的题目，让学生感受到情境不同但模型相同、方法相同的道理. 加强学生自主编题训练，让学生学会用自己的语言表达情境题意.

6. 跨越断层：合理设序，自然衔接

各版本教材编排加减计算应用问题的基本规律大致为：从一步到两步再到三步、结构从简单到复杂、形式从图表到文字. 教学时要尊重教材安排，循序渐进地发展学生的审题能力. 北师大版教材"加减两步计算问题解决"情境题习题数量编排为：二年级上册31题，二年级下册1题，三年级上册28题. 由此可知，二年级下册安排的加减两步计算问题的习题数量显然不足，为了三年级上册进一步学习这一内容，建议在二年级下册加强这方面的教学，巩固、发展加减两步计算问题的解决能力.

参考文献：

[1] G. 波利亚. 怎样解题：数学思维的新方法 [M]. 涂泓，冯承天，译，上海：上海科技教育出版社，2007.

[2] 岳峻. 以数学审题，探核心素养如何落地 [J]. 数学通报，2016 (11)：44 – 48.

[3] 刘坚，孔企平，张丹，等. 数学教师教学用书（二年级上册）[M]. 北京：北京师范大学出版社，2014.

[4] 郝金莲. 小学生数学审题能力的现状调查与对策研究 [J]. 科技视界，2014（2）：247.

[5] 潘红娟. 基于"解决问题"核心能力培养的教学研究 [J]. 教学月刊小学版（数学），2017（12）：7 – 10.

从根部细铺垫，为学生进阶而教

广东省清远市连南瑶族自治县教育局　蓝海鹏

📕 作者简介 ....

蓝海鹏，男，1978 年 12 月出生，广东省清远市连南县人，广东省第二批骨干教师，初中数学高级教师，主要研究方向为小学和初中数学教材教法研究.

史密斯是首次提出学习进阶的学者，他将学习进阶定义为"学生在学习某一核心概念的过程中，所遵循的一系列逐渐复杂的思维路径". 学者马瑞特认为学习进阶是"对某一领域由浅入深、逐渐复杂的概念理解过程". 一般来说，"某一领域""某一核心概念"的学习可以分为当前学段学习和跨学段延续学习. 无论是哪一种学习，都需要根据学生生活经验和认知规律为学生学习设计"发展阶梯"，为促进学生获得"良好的数学教育"而设计优化的学习路径.

在数学教学中，面对不同层次的学生，怎样才能让不同的学生得到不同的发展？学生学习基础差，怎样教才会让学生容易掌握？学生基础较好，怎样教才能促进学生更好地发展？这些问题体现出教师对学生现实基础与发展可能的关注. 下面以"图形与几何"领域教学为例，从学习进阶理论角度谈谈解决以上问题的做法.

一、以学生熟知经验为阶，创设梯级问题情境

心理学家奥苏贝尔在他的专著《教育心理学：认知观点》一书的扉页上写道："如果我不得不将教育心理学还原为一条原理的话，我将会说，影响学习的最重要因素是学生已经知道了什么，根据学生的原有知识状况进行教学". 在

这里，学生熟知经验在"已经知道了什么"的范围内．

1. 以生活经验为阶，创设关联生活的问题情境

生活中蕴含丰富的几何图形，从中选取学生熟知的情境作为教学的资源，可以使学生快速进入学习情境，而且能够让全体学生参与到学习活动中．比如学习长方形的周长时，可以以"制作一个相框需要多长的边框材料"为问题情境，引导学生进入新课的探究．

2. 以民族文化为阶，沟通本地文化的数学关联

我国民族众多，每个民族都有着自身独有的文化，学生对于这些文化再熟悉不过，甚至从小就耳濡目染，未曾远离，如穿在身上的服饰、住在里面的房屋、看在眼里的图案和文字、听在耳边的歌曲……这些民族优秀文化中，存在着丰富的与数学相关的元素，可以作为数学课堂教学的资源．

【案例】

"轴对称"的教学．

连南县是世界经典乐曲《瑶族舞曲》的故乡，是全国唯一的排瑶聚居地，在建筑、服饰、体育等方面有着浓厚的民族文化特色，这些都是本地学生熟知的．其中，瑶族刺绣图案造型简洁，色泽鲜明，具有明显的几何特征．

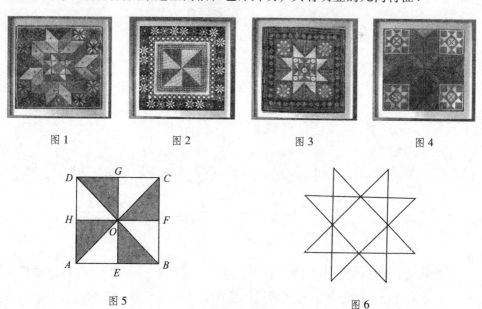

图1　　　　　图2　　　　　图3　　　　　图4

图5　　　　　　　　　　　　图6

问题1：请欣赏图1～图4，说说图中蕴含的轴对称．

问题2：图5、图6分别是从图2和图3图案中心部分抽象成的数学图形，

图中的三角形有什么特点?

问题3：一位瑶族姑娘想在一块长为 16 厘米、宽为 12 厘米的长方形绣花布上绣出一个美丽的图案，并使图案所占面积为整块花布面积的一半．你能用轴对称等知识给出具体的设计方案吗?

此外，还可以布置课后作业：请运用所学知识借助几何画板设计精美图案．学生可使用几何画板软件制作优美的图案，从中感受数学是那样的好玩、神奇而美丽，在创造美中促进对知识的理解，增进对数学的美好情感，唤醒了创造的潜能．图 7 ~ 图 10 是学生运用几何画板制作的作品，依次是奇妙的勾股树、天梯、机器人和指南针．

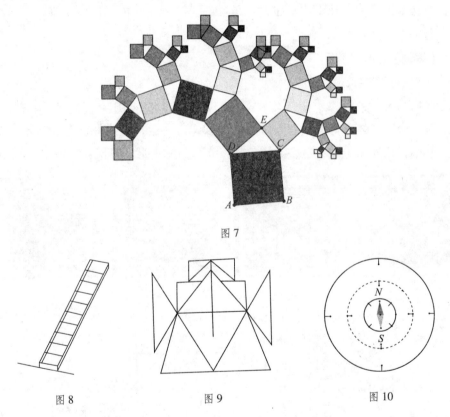

图 7

图 8   图 9   图 10

以上三个问题体现了三个层次：层次一——在引入时，用学生身边的具有明显长方形特征的物品创设问题情境；层次二——在新知学习时，从表面的美深入研究数学元素，探索美的奥妙；层次三——应用有关知识解决学生生活中的数学问题，利用长方形有关知识创新地设计出生活中经常用到的物品图案．在引入时的"赏美"，在新课中的"探美"，在应用中的"用美""创美"三个层次中实现进阶.

此外，还可以以数学史作为情境引入，激发学生的求知欲，为进阶打下良好基础.

二、以基本方法为阶，构建知识内部的思维层级

在探索长方形周长计算方法时，不妨放手让学生在独立思考的基础上，开展小组学习. 测试题为：求长为 8、宽为 5 的长方形（如图 11）的周长. 学生计算方法可能有：

方法 1：$5+8+5+8$（如图 12），方法 2：$(8+5)\times2$（如图 13），方法 3：$8\times2+5\times2$（如图 14），方法 4：$5\times4+3\times2$（如图 15），方法 5：$8\times4-3\times2$（如图 16）.

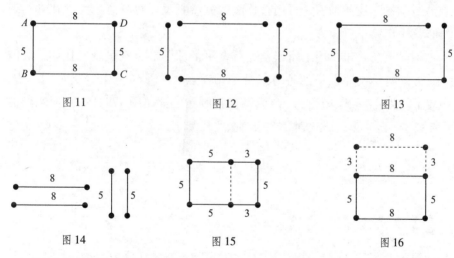

图 11　　　　　　　图 12　　　　　　　图 13

图 14　　　　　　　图 15　　　　　　　图 16

每个小组对自己的计算方法进行解释：方法 1 是指一段一段地把所有边加起来；方法 2 是长与宽的和的 2 倍；方法 3 是 2 倍长与 2 倍宽的和；方法 4 把长方形变成以宽为边长的正方形后计算；方法 5 是把长方形变成以长为边长的正方形后计算. 其中"长方形的周长 =（长 + 宽）×2"这一方法是不少教师进行统一优化后的方法，因为使用这个公式可以迅速求解与长方形周长有关的数学题. 一些老师常常忽略了第一种方法的奠基作用，在新课学习之初提及后，便花大量的时间让学生运用"长方形的周长 =（长 + 宽）×2"这一公式进行训练. 实际上，"一段一段地把所有边加起来"是学生心中对多边形周长的最初概念，是计算长方形周长最基本的方法，是学生容易掌握的最基本的方法，也是一种通性、通法，它对小学后续学习乃至初中研究图形

周长都具有重要意义.

教学时，可以以图 11 为基础，变换长和宽的数据形成题组：①宽和长分别是 1 和 2，②宽和长分别是 3 和 6，③宽和长分别是 5 和 15，④宽和长分别是 40 和 70，放手让学生用自己的方法解决，从求解中自行发现规律，自主发现其他的方法. 此时，学生中呈现算法多样化，教师对学生的做法给予鼓励与赞赏，但先不进行评价. 学生在倾听别人的算法时，对比各种算法，自行优化算法. 学生在经历"操作—发现—猜想—归纳"的过程中，探索发现新知. 在进行充分个性优化的基础上，教师再引导全体学生进行优化，即"长方形的周长 =（长 + 宽）×2"，但第一种方法仍然是最重要的方法.

三、以直观呈现为阶，借助辅助方式外化概念内涵

有些数学概念比较抽象，可用打比喻的方法直观揭示概念内涵. 比如，射线，可以用手电筒来打比方.

有些数学概念是难以用语言讲清楚的，可借助图形直观呈现. 比如，套圈游戏中，9 位同学按照以下四种方式分别站在点 A，B，C，D，E，F，G，H，P 等位置上（图 17 ~ 图 20），点 O 为陶瓷狗所在位置. 图 17 ~ 图 20 四幅图的 OP 距离相等. 请问哪种方式对每个人都公平？

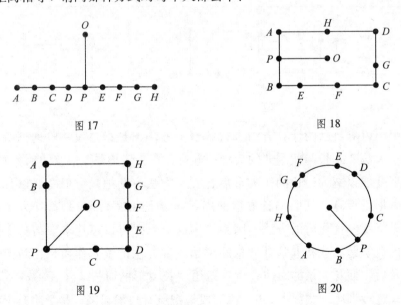

图 17

图 18

图 19

图 20

学生借助图形，通过猜想、思考、操作，在连成线段比较长度中发现问题，直观地获得结论.

有些数学概念之间的内在逻辑关系，借助图形可表达得更加清晰．比如，四边形、平行四边形、长方形、正方形、梯形等之间的关系（如图21）．又如，三角形可以用关系图表示分类情况（图略）．

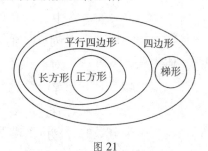

图 21

那些难以用语言、图形解释的，可以通过操作解决．比如，在教学"垂直"时，得到垂线可以有三种方式：折纸折出垂线，用尺画垂线，在方格上画垂线．学生只有经历操作活动，才能更有效地获得数学技能．又如，圆柱的侧面展开图为什么是一个长方形？不妨让学生把一个纸圆柱体剪开来观察，或把作业本卷成圆柱的样子再展开，体会圆柱侧面变成长方形的过程，从而理解圆柱侧面展开图与长方形有关线段的关系．

那些难以用语言、图形解释的，还可以通过做实验来解决．在研究长方体和正方体体积时，我们可根据学生已有的生活经验和学习认知程度，先研究具体物体或长方体模型的体积，待学生掌握其体积计算方法后，提出问题：任意一个物体都有体积吗？怎样求其他物体的体积？生活中有许多物体，它们有的是长方体、正方体等规则立体图形，还有的物体属于不规则的立体图形，它们的体积如何求呢？学生在独立思考的基础上，展开分组讨论，分享各自的想法．学生的想法很多，可能有以下几种方法．

方法一：通过称重来比较体积大小．有的学生受到曹冲称象方法的启发，把要求体积的物体放在天平一端，再找一个长方体或正方体的物品放在另一端，试试它们是否能让天平平衡．如果平衡，则说明它们的体积就是相等的．计算出正方体或长方体的体积就是不规则几何体的体积．有的同学把要求体积的物体放在天平的一端，在另一端放上一个长、宽、高都标有刻度的长方体或圆柱形空器皿，然后不断往器皿装沙，直到天平两端平衡为止，最后计算沙子及所在的长方体的体积，从而得到该物品的体积．对于上面两种做法，有的同学觉得不合理，因为天平只能保证质量相等，并不能保证体积相等．比如，同样重的一块铁和木头，它们的体积是不相等的．他们认为体积与质量无关，与形体大小有关．

方法二：用升水法求体积．方法是：把不规则立体物品放到装有一定水量的量杯中，此时水位升高了，相当于增加了一个新圆柱．升高的水位为新圆柱的高，原圆柱的底也是新圆柱的底，这样容易求出新圆柱的体积．这个新圆柱的体积即为物品的体积．

方法三：用排水法求体积．把不规则立体物品放到装满水的量杯中，溢出来的水的体积就是不规则立体物品的体积．

在实验的基础上，学生对以上做法展开讨论、交流、辨析、纠错，从而促进探索能力的提升．

那些难以用语言、图形、实验来解释的，也可以借助信息技术动态手段揭开数学知识的本质属性．比如，圆柱为什么可以看成长方形绕着它的一边直线旋转一周得到的？这个问题用语言、图形、实验等方式都难以解释清楚，此时可以利用信息技术动态演示圆柱的动态形成过程．

四、以学生错例为阶，实现对概念的深入理解

学生的错例正是进行概念深度学习的资源，是了解学生思维的重要线索，是开展"以学生为中心"的数学教学的重要学情依据．比如，画钝角三角形钝角（如图 22）两边上的高，学生容易出现图 23 的错误．如何在错例辨析中帮助学生纠正错误认识，实现对概念的深入理解？不仅要从概念出发，还需要找到学生认知的"原点"，为学生进阶铺设"台阶"．

图 22　　　　　　　　　　　　　　图 23

学生的认知"原点"是什么？显然，给出锐角三角形，学生是能够比较容易地画出它的三条高的．因而可从锐角三角形开始研究，将钝角三角形作"锐角三角形—直角三角形—钝角三角形"或"钝角三角形—直角三角形—锐角三角形"的动态演变．图 24 ~ 图 28 的演变过程，即点 B 沿 BC 向点 C 运动的过程，三角形 ABC 的形状发生变化，BC 边上的高会发生什么变化？在变与不变中得到启发，学生容易想到怎样正确画出高 AD．此时，再回到三角形高的定义：从三角形一个顶点向它的对边作一条垂线，垂线顶点和垂足之间的线段称

为三角形这条边上的高．其基本特征为：顶点→对边，直角落在对边．这样，可以帮助学生建立对高的直观认知，此时再回到错例，思考、交流错在哪，能够让学生聚焦细微差别，寻找错误关键：高落在哪儿了？进而突破画钝角三角形高的难点．

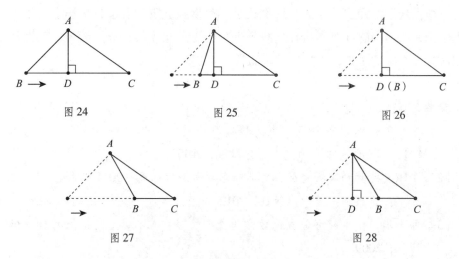

图 24　　　　　　　图 25　　　　　　　图 26

图 27　　　　　　　　　图 28

五、以分层练习为阶，搭建适当梯度的进阶之梯

在教学"长方形的周长"时，设计四个层次的习题，如表 1，引导学生在分层练习中实现进阶．

表 1　四个层次的习题

层次	习题类型
层次 1	给出长方形长和宽的数据，求长方形的周长
层次 2	给出方格，要求画出给定周长的长方形
层次 3	给出长方形与正方形组合而成的图形及有关边的长度，求组合图形的周长
层次 4	自选生活中具有长方形特征或长方形与正方形组合而成的物品，自行测量、计算其周长

其中，前面的练习为最基础的练习，可以让学生轻松进入学习状态，为后面学习、感悟做进阶铺垫．

实现数学学习进阶需要明晰三个问题：学生的原有认知和经验有哪些？学习目标是什么？如何在原有经验与学习目标之间架设合理的台阶，让每个学生能够顺利踏上新的一级台阶？有效促进学生进阶的数学课堂，需要教师从数学学科知识的"根部"和学生认知的"根部"做好深入细致的铺垫：找准学生经验从而找到进阶的起点；把握基本方法与学生可能想到的方法之间的联系，从不同方法反映出的思维水平层次中找到促进思维发展的台阶；以恰当的直观方式呈现博大精深的知识，让每一层次的学生都得到进阶和晋级；从学生错例中把握学情，明白困惑和盲点所在，找到进阶的支点和支架；分层练习，架设从低层次到高层次的阶梯，为学生进阶而教.

参考文献：

［1］宋煜阳．学习进阶视域下的核心概念教学：以"图形与几何"为例［M］．长春：东北师范大学出版社，2017.

［2］中华人民共和国教育部．义务教育数学课程标准（2011 年版）［M］．北京：北京师范大学出版社，2012.

［3］邵光华．作为教育任务的数学思想与方法［M］．上海：上海教育出版社，2009.

基于人工智能的数学课堂个性化
精准教学模式研究

南海区里水镇金溪小学　蔡　佳

作者简介

蔡佳，男，1992 年 5 月在广东省汕头市出生．广州大学硕士研究生，研究方向为小学数学教育，目前于广东省佛山市南海区里水镇金溪小学任教，曾担任里水镇数学中心组成员．

一、人工智能的内涵及在教育领域的价值

2018 年 1 月，国务院印发的《关于全面深化新时代教师队伍建设改革的意见》中提道，"教师主动适应信息化、人工智能等新技术变革，积极有效开展教育教学"．那么，何为人工智能？人工智能是研究计算机算法，使计算机能够模拟人的思维过程，如学习、推理、思考、规划，进行某些相应的智能行为，使计算机或智能机器人能实现更高层次的应用，如图像识别、语音翻译、智能诊断、数学定理证明等．人工智能在教育领域的应用，颠覆性地改变了传统的教学模式及其方法，有利于重构现代化教育生态系统，最终实现教育的现代化．

二、人工智能对课堂教学模式的影响

课堂是教师发挥主导作用的主战场，课堂教学模式的选择直接影响着教师战斗力的发挥．在人工智能背景下，课堂泛指接收教育资源、进行内化建构的场景．《基础教育课程改革纲要（试行）》提出："教师应尊重学生的人

格，关注个体差异，满足不同学生的学习需要．"具体来说，纲要提出"个性化"教学要求，要求教师以学生为中心，关注学生的个性化学习与发展，通过对学习者的个性特征分析、学习者的个性需要，为学习者提供有针对性的学习模式、学习内容、学习策略、学习方法、学习活动、评价方式等．"精准教学"则是 Lindsley 在 20 世纪 60 年代基于 Skinne 的行为学习理论的基础上，进一步提出的．"精"指的是严格，要求教师按课标的要求、知识的内在逻辑结构开展教学，"准"指的是"相关"，要求教师有组织性、针对性地传授与学生生活密切相关、能够学以致用的知识．虽然广大数学教师认识到"个性化精准教学"对学生全面发展的重要性，但在传统教学模式下开展"个性化精准教学"仍困难重重，如大班制关注缺失，分层教学定位不清，教学总效率低下，这导致强调以学生为中心、关注学生个性化发展、差异培养、全面发展成为空头口号，未能落到实处．以数学学科为例，众所周知，数学是一门思维性很强的学科，六大核心素养——"数学抽象、逻辑推理、数学建模、直观想象、数学运算、数据分析"的提出，进一步深化数学学科的培养要求，教师如何通过监测每位学生内隐性的思维过程，发现学生的思维误区，判断学生是否达到相应的培养目标并制订相应培养方案，无疑困难重重．所幸，基于大数据分析、自适应技术、教育云服务等人工智能的出现，为课堂落实"精准定位"、开展"个性化精准教学"、促使学生全面发展提供了技术支撑，如"Watson 认知系统"、"神经网络"模型、智能机器人等，这为实时监控、搜集学生数据、描绘学生学习画像、构建学生学习者模型、学习者模型分类、定向推送、人机对话等功能的实现给予了关键性的帮助，对进一步革新传统教学模式，构建基于人工智能的个性化精准教学模式，解决传统教学模式中学情诊断不够准确、效果反馈不及时、差异性发展评价方向不清晰、个别化指导难实现等问题指明了方向．

三、基于人工智能的课堂个性化精准教学模式的设计原则

1. 大数据支持原则

大数据的支持能够降低典型数据造成的误差，避免进行错误的归因分析．在当前大数据时代下，要为不同认知水平的学生提供高效的、个性化的、精准的教学设计，需要搜集不同学生在相同学习情境下的学习数据，还要搜集相同学生在不同学习情境下的学习数据，以便数学教师在执教过程对教学设计进行及时的调整，实施动态干预．学习数据的来源，空间上包括非正式场合，如家

中、户外，内容上包括认知行为数据，如内容完成度、活动参与度等，以及生理数据，如眼动行为、面部表情、激素水平等．

2. 以学习者模型为中心原则

以学习者模型为中心源于"以学生为中心"的现代教育基本理念，是大数据时代下对主体教育思想的扩展，其理论基础是人本主义、建构主义和模型化思想，核心是强调个体知识起点的差异，以生为本，尊重学生，全面发展学生．以学习者模型为中心要求精准把握学生的个性特征，人工智能系统在一定理论的指导下按照相应的标准将他们分类，建立相应的学习者模型及学习者模型库．也就是说，每个人可以找到匹配他的学习者模型；同时一个人的学习者模型可以是丰富的、可变的，在不同的情境下，人工智能系统会自动匹配最适合其发展的学习者模型．学生在开展学习任务时会有不同的心智模式，学习者模型自然不一样．以数学学科为例，根据课堂学习任务的性质，可分为动作思维模型、形象思维模型、抽象思维模型；根据学生的思考习惯，可分为辐射思维模型、纵向思维模型；根据学生旧知迁移习惯，可分为经验思维模型、逻辑论证思维模型．

3. 因材施教原则

因材施教指的是教师要从学生的实际情况出发，有方向地进行差异化教学，使每个学生都能在自身原本基础上获得最佳发展．人工智能背景下遵循因材施教原则，需要结合数据和计算技术，以学生个性分析为逻辑起点，以精准化教学为行为标准，以满足个性化学习为培养目标，完成从"经验型因材施教"到"数据指导型因材施教"的过渡．

四、基于人工智能的课堂个性化精准教学模式的设计

在人工智能的背景下，本人整合近年来兴起的教育新理念、新技术，如微课、翻转课堂、教育云服务、大数据分析、自适应学习技术等，设计有利于落实学生个性化全面发展的课堂与个性化精准的教学模式，如图1所示．该模式秉承大数据支持原则、以学习者模型为中心原则、因材施教原则，以人工智能系统推荐的培养方案为教学设计核心，以课堂中互动、差异化精准指导延伸至课后个性化精准学习为教学流程，以学习者模型为逻辑起点，又以学习者模型的生成或更新为逻辑终点，以终为始，形成一个源源不断的教育闭环．

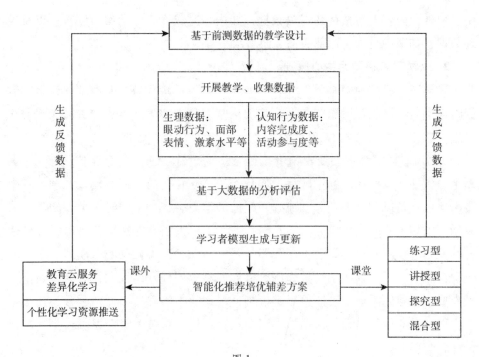

图1

课前环节主要是基于前一阶段形成的前测数据进行差异化教学设计，意在通过设计分层、差异化活动帮助学生高效理解、掌握目标内容．以四年级下册《小数的加法和减法》第一课时《小数加减法》为例，为引导学生高效认识小数的加减法该选择哪种内容向学生的移动端推送呢？对于经验思维模型的学生，可推送生活常见小数加减法情境做铺垫，再加以逻辑论证；而对于逻辑思维论证模型的学生，可推送整数加减法算理的回顾，再加以生活实例认识其应用价值．

课堂环节主要根据教学过程中人工智能的实时监控与分析生成学习者模型或者及时更新学习者模型，通过智能算法提供最优的培优辅差方案，直接进行差异化精准培养．以四年级下册《小数的加法和减法》第四课时《整数加法运算定律推广到小数》为例，根据这一模块知识在上一阶段学习过程中的检测数据，如课堂应答频率、习题分层难度的正确率等，可将学生隐性（考虑到保护学生的自尊心，可适当修改学习者模型的名称）分为"摘桃子型"（尖子生）、"爬树型"（中层生）、"耕土型"（后进生）．针对尖子生与中层生，可根据学生的认知风格推送个性化精准学习任务，如面对场依存型学生采用探究型培养方案，推送开放型合作探究学习任务——"根据整数加法运算定律推广到小数，猜想整数减法的性质推广到小数有什么规律". 在探究过程中, 尖子生暴露其思维过程, 带动中层生"攀爬". 而面对场独立型学生则推送自主探究学习任务 (如图2), 培养他们"攻艰克难"的学习品质. 针对后进生, 则可从过去的习题等数据中发现学生的思维路径, 例如, 有些同学算理、定律应用清晰, 只是抄写数字或计算失误, 可采用"练习型"方案, 根据眼动行为数据等了解学生在练习时的注意力强度, 针对性强化训练; 有些同学对基本算理、整数运算定律都不理解, 则需采用"讲授型"方案. 在整个课堂教学中, 可根据人工智能系统推荐的方案灵活教学, 适当引导中层生、尖子生, 重点帮扶后进生, 实现课堂个性化精准培养, 促进课堂教学高效开展.

列式计算, 求该不规则多边形的周长

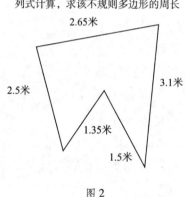

图 2

课后则可以借助教育云平台推送个性化学习资源, 如向尖子生推送运算定律的拓展知识, 向后进生推送《整数运算定律》这一章节的微视频, 间接促进学生对知识的内化; 又或者通过超链接技术将前后知识链接起来, 形成清晰的知识脉络, 促进学生对整体知识框架的构建. 这一完整教学过程所产生的学习数据将作为下一阶段学习的依据.

五、总结与展望

在传统教学模式下, 开展个性化教学、推进学生全面发展需要对不同层次、不同能力类型的学生针对性因材施教, 教学主观性程度较高, 对教师的教学经验、能力水平要求也较高. 而在现代技术的支持下, 基于人工智能的个性化精准教学以学生客观数据和专家、名师的意见为评价标准, 为广大教师教学模式选择提供权威的参考依据; 教师的教学设计也由经验假设型转变为数据指导型; 教师的教学过程由预设假设型转变为实时调整型. 这些转变使得学生个性化全面发展的培养更加高效．不足的是，由于当前配套人工智能技术的整体性硬件条件尚未成熟，基于人工智能的课堂个性化精准教学模式目前仅是进行局部实验，如"智算365"推广、微课推送、几何画板教学，尚未能系统性地开展教学研究．希望在不久的将来，基于人工智能的课堂个性化精准教学模式能够在理论、硬件的支持下加以验证，并进行完善、推广、应用，进一步推进教育现代化的发展．

参考文献：

[1] 中华人民共和国教育部．基础教育课程改革纲要（试行）[Z]．教基〔2001〕17 号，2001．

[2] 杨现民，田雪松．互联网＋教育：中国基础教育大数据 [M]．北京：电子工业出版社，2016．

[3] 方海关．教育大数据：迈向共建、共享、开放、个性的未来教育 [M]．北京：高等教育出版社，2006．

[4] 戴维·乔纳森．学会用技术解决问题：一个建构主义者的视角 [M]．任友群，李妍，施彬飞，译．北京：教育科学出版社，2007．

[5] 戴维·乔纳森．学习环境的理论基础 [M]．任友群，译．北京：教育科学出版社，2002．

[6] 牟智佳．"人工智能＋"时代的个性化学习理论重思与开解 [J]．远程教育杂志，2017，35（3）：22－30．

[7] 郑云翔．新建构主义视角下大学生个性化学习的教学模式探究 [J]．远程教育杂志，2015（4）：48－58．

[8] 王艳艳，杜圣强．运用慧学云平台开展初中数学翻转课堂教学 [J]．中国教育技术装备，2017（19）：24－25．

[9] 葛余常．基于大数据分析的微课开发及应用研究 [J]．中小学教师培训，2017（19）：32－36．

[10] 祝智庭，沈德梅．基于大数据的教育技术研究新范式 [J]．电化教育研究，2013（10）：5－13．